最初からそう教えてくれればいいのに！

図解！ChatGPT×Excelのツボとコツがゼッタイにわかる本

立山 秀利 著

秀和システム

【OpenAI の API キー利用に関する注意】

本書では OpenAI の API キーを使用します。初回登録時には API キーを無料で利用できる無料枠と有効期限があります。無料利用枠を超えたり、有効期限が切れると無料で利用できなくなります。詳しくは本書 Chapter03 02「API キーは無料枠と有効期限に注意！」（81 ページ）を参照してください。

上記は、本書執筆 2023 年 6 月時点での情報となります。以後変更される場合もあります。

【本書で確認した Excel について】

本書では、Excel へのアドインとして、ChatGPT for Excel、Excel Labs を紹介しています。

・ChatGPT for Excel は Microsoft 365 版（旧 Office 365 版）の Excel、もしくは Web 版の Excel である「Excel for the web」しか対していません。Excel 2021 や Excel 2019 といったパッケージ版の Excel には対応していません。

・Excel Labs は Microsoft 365 版、パッケージ版 Excel については本書執筆時点で筆者が動作確認できているバージョンは Excel 2021 のみとなります。

はじめに

ご存知のとおり、近年のAI（Artificial Intelligence）の発達や普及は目を見張るものがあります。その代表が「ChatGPT」です。すでにパソコンやスマホアプリで使ってみた人も多いでしょう。

ChatGPTはただ会話をしているだけでも楽しいのですが、ビジネスでの利活用も大いに期待されています。確かに、回答の中には事実と異なる箇所があるなど、弱みはいくつかありますが、それらを踏まえつつ強みを活かせば、強力なパートナーになるでしょう。

一方、Excelはビジネスではすっかりおなじみの表計算ソフトであり、多くの人が日々業務で使っています。このExcelにChatGPTを組み合わせます。両者のメリットを活かして相乗効果を得つつ、お互いができないこと、苦手なことを補い合うのです。両者の組み合わせは、業務効率化をはじめ、大きな可能性をもたらします。

本書はそのようなChatGPTとExcelの組み合わせを、ビジネスに活かすための方法やノウハウを初心者向けに解説します。ChatGPTについては、まったくの未経験者向けに、アカウント登録から使い方まで丁寧に解説します。Excelは「値のみ貼り付け」機能や関数など、基本的な機能や使い方しか登場せず、なおかつ、操作方法なども都度解説しますので、気軽に読み進め、自分の手を動かして体験してください。

本書の構成を大まかに紹介すると、全部で4つのChapter（章）があります。Chapter01では、ChatGPTとExcelの組み合わせの全体像をザッと紹介します。

Chapter02からは具体的な組み合わせ方法やノウハウの解説です。まずはChapter02にて、Webブラウザーで使うChatGPTに、Excelを組み合わせる方法を解説します。非常にシンプルで簡単な方法ですが、すべてのキホンとなり、かつ、汎用性も広い方法です。

Chapter03は、「ChatGPT関数」の使い方です。詳しくは改めて解説しますが、ExcelにはChatGPTを使える関数がアドインとして提供されています。本書では、そのようなExcelの関数を「ChatGPT関数」と呼ぶとします。同Chapterでは、ChatGPT関数の準備から基本的な使い方までを解説します。ChatGPT関数は複数種類があり、本書では計7種類取り上げます。

Chapter04では、ChatGPT関数を中心に据え、さらにExcelのさまざまな便利機能を加えた応用ワザをいくつか紹介します。

なお、ChatGPTは進化が速く、画面や操作手順が今後変更され、本書の誌面と異なる可能性も十分あります（本書執筆2023年6月時点での情報）。また、Chapter03で取り上げるChatGPT関数の中には、動作がまだ安定しないものも含まれます。これらの点をあらかじめご了承いただければ幸いです。

それでは、ChatGPTとExcelの組み合わせをビジネスに活かす方法やノウハウを学んでいきましょう！

立山　秀利

■ダウンロードファイルについて

本書での学習を始める前に、本書で用いるExcelブック（ファイル）一式を、秀和システムのホームページから本書のサポートページへ移動し、ダウンロードしておいてください。ダウンロードファイルの内容は同梱の「はじめにお読みください.txt」に記載しております。

●本書のサポートページ

次の本書のサポートページへアクセスして、ダウンロードしてください。

URL　https://www.shuwasystem.co.jp/support/7980html/7083.html

Chapter 01 ChatGPTとExcelの組み合わせは最強！

Chapter 02 ChatGPT×Excelを始めよう

Chapter 03

ChatGPT関数を使おう

Chapter 04

Excelの便利機能も加えてパワーアップ

ChatGPTとExcelの組み合わせは最強！

Chapter01

ChatGPTはビジネスの強い味方

革新的な対話型AIの「ChatGPT」

現在、日本はもとより、世界中で大きな話題になっている対話型（チャット型）のAI（Artificial Intelligence：人工知能）の「ChatGPT」。開発元は米国の「OpenAI」(https://openai.com/)であり、2022年11月にリリースされました。翌年1月にはアクティブユーザー数が1億を超え、今もなお爆発的にユーザー数が増え続けています。

ChatGPTは画面のフォームに質問や要望を入力すれば、その回答のテキストが返されるサービスです。自然な会話風にやり取りができ、回答の適切さのレベルも高く、瞬く間に多くのユーザーの支持を集めました。本書読者のみなさんの中にも、すでに使ったことがある人は少なくないでしょう。

また、ChatGPTはアカウントさえ作成すれば、誰でも手軽に利用できるのも、短期間で広く普及した要因のひとつでしょう。アカウントは無料で作成でき、必要な手順もメールアドレスとパスワードを入力するだけです（Chapter02 01で改めて解説します）。もしくはGoogleまたはMicrosoftまたはAppleのアカウントを既に持っているなら、それを使ってChatGPTをすぐに使い始められます。

ChatGPTは基本的にWebブラウザーで利用します（画面1）。本書では以降、「Web版」と呼ぶとします。

画面1 ChatGPTをWebブラウザーで利用した例

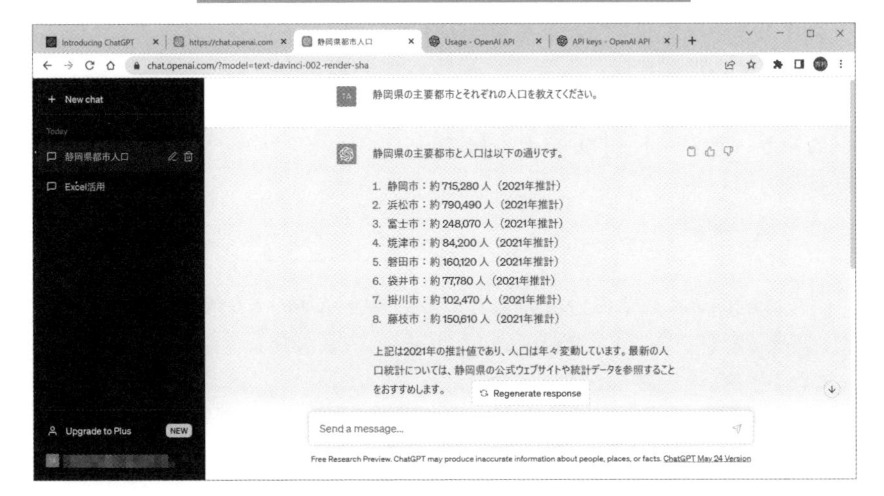

Web版に加えて、スマートフォンの公式アプリでも利用できます（iOSのみ。2023年7月時点）。アプリでは音声入力も可能です。なお、ChatGPTはWeb版もアプリ版も、インターネット経由で利用するサービスなので、インターネット接続環境は必須です。

なお、ChatGPTに送る質問や要望などは、本書では「プロンプト」と呼ぶとします。ChatGPTの画面では「Send a message」など、「メッセージ」という言葉が使われていますが、本書の解説では「プロンプト」と呼びます。

「ChatGPT」はビジネス利用でも大きな期待

ChatGPTは今、ビジネスでの利活用が大いに期待されています。企業や官公庁、医療機関や教育機関などでは、まだ試行錯誤の段階ですが、例えば以下のような用途での利活用が想定されています。

・文書の下書き作成
・記事やキャッチコピー、想定問答集作成
・計画などの原案作成
・文章の要約や分析
・ユーザーサポート、問い合わせ対応
・各種リサーチ
・多言語の翻訳

例えば画面2は文章の分析の例として、自社商品のユーザーからの声を、よい評価（ポジティブ）と悪い評価（ネガティブ）に分類し、前者なら「よい」、後者なら「悪い」と表示しています。

画面2　ChatGPTのビジネス利活用の例

TA

以下の表のユーザーレビューからポジティブな言葉とネガティブな言葉を抽出してください。
ユーザ−1　新しく購入しました。風量が強くて涼しいです！夏が楽しみです。
ユーザ−2　デザインがシンプルでおしゃれです。ただ、少し音が大きいのが気になります。
ユーザ−3　風量はまずまずですが、操作が少し複雑です。使い方を覚えるのに時間がかかりました。
ユーザ−4　この扇風機は本当に強力です！部屋全体を涼しくしてくれます。おすすめです！
ユーザ−5　思っていたより音がうるさいです。全体的に作りが安っぽいです。
ユーザ−6　風が心地よく、静かなので快適に過ごせます。ただ、角度調整が少し固いです。

以下の表は、各ユーザーレビューを5段階評価で分類したものです。最も良い評価を5とし、最も悪い評価を1としました。

ユーザー	レビュー	評価
ユーザ−1	新しく購入しました。風量が強くて涼しいです！夏が楽しみです。	5
ユーザ−2	デザインがシンプルでおしゃれです。ただ、少し音が大きいのが気になります。	4
ユーザ−3	風量はまずまずですが、操作が少し複雑です。使い方を覚えるのに時間がかかりました。	3
ユーザ−4	この扇風機は本当に強力です！部屋全体を涼しくしてくれます。おすすめです！	5
ユーザ−5	思っていたより音がうるさいです。全体的に作りが安っぽいです。	2
ユーザ−6	風が心地よく、静かなので快適に過ごせます。ただ、角度調整が少し固いです。	4

Regenerate response

　また、画面3は各種リサーチの例として、7つの都市の公式サイトのURLを調べています。さらに表形式でまとめるところまで、ChatGPTがやってくれます。

画面3　リサーチ結果を表にまとめることも可能

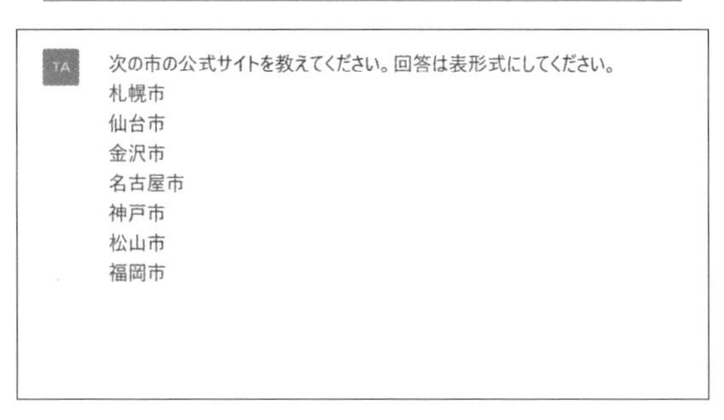

以下は、各市の公式サイトを表形式でまとめたものです。

都市名	公式サイト
札幌市	https://www.city.sapporo.jp/
仙台市	https://www.city.sendai.jp/
金沢市	https://www4.city.kanazawa.lg.jp/
名古屋市	https://www.city.nagoya.jp/
神戸市	https://www.city.kobe.lg.jp/
松山市	https://www.city.matsuyama.ehime.jp/
福岡市	https://www.city.fukuoka.lg.jp/

上記の公式サイトのURLは、2021年の情報です。公式サイトのURLが変更されている場合や最新情報を確認したい場合は、各市の公式ウェブサイトをご確認ください。

Regenerate response

　これらはほんの一例であり、他にもビジネスの現場にて多彩な用途やスタイルでの利活用の案や事例が日々増えています。

　ChatGPT以外にも対話型AIは登場しており、近い将来、ビジネスでの対話型AI利用があたりまえの時代が訪れるでしょう。

Chapter01

ChatGPTとExcelの組み合わせで広がる可能性

ChatGPT×Excelはビジネスの強力な味方

Microsoft社の「Excel」は業種・業務を問わず、ビジネスの現場で長年広く利用されている表計算ソフトです。読者のみなさんの中にも、仕事で日々利用している人も多いことでしょう。

ChatGPTとExcelを組み合わせることで、ChatGPTのビジネスでの利活用の可能性が一気に広がります。同時に、Excelでの日々の仕事も、業務効率をアップできたり、今まで不可能だったことが可能になったりするなど、多くのメリットを得られます。ChatGPTとExcelで、お互いの特徴や強みを活かし合い、かつ、苦手なところを補い合うなど、その相乗効果はビジネスの強力な味方になるのです。

ChatGPT×Excelの利用スタイル

ChatGPTとExcelを具体的にどう組み合わせるのか、その利用スタイルは何通りか考えられますが大きく分けて次の3通りになります（図1）。なお、スマートフォンのアプリ版ChatGPTとExcelの組み合わせは、解説の対象外とさせていただきます。

スタイル1　Web版とExcelを行き来して利用
スタイル2　ChatGPT関数で利用
スタイル3　プログラミングでAPI経由で利用

図1　ChatGPT × Excelの利用スタイルは3種類

スタイル1 Web版とExcelを行き来して利用

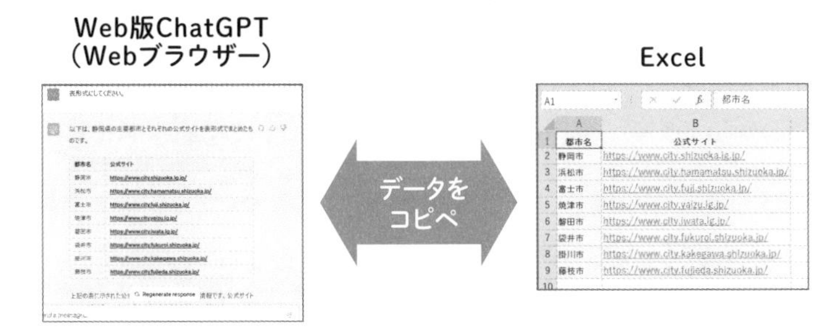

スタイル2 ChatGPT関数で利用

スタイル3 プログラミングでAPI経由で利用

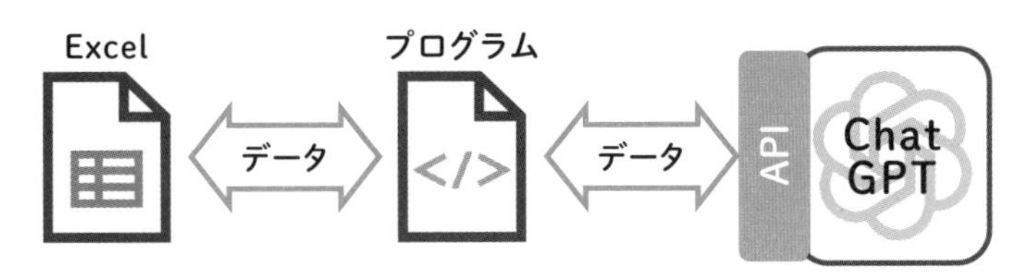

以下、各スタイルを詳しく解説します。図1とあわせてお読みください。

スタイル1　Web版とExcelを行き来して利用

Web版のChatGPTとExcelの両者でデータを手動で受け渡しながら利用するスタイルです。もう少し具体的に言えば、WebブラウザーでChatGPTのWeb版（以下、「Web版ChatGPT）」を開き、同時にExcelも開きます。そして、Web版ChatGPTに質問や要望など必要なプロンプトを入力し、得られた回答をクリップボードにコピーして、Excelのセルに貼り付けます。また、場合によっては、ChatGPTにプロンプトを入力する際、Excelのセルに入力されているデータをコピーして貼り付けます。

このようにWeb版ChatGPTとExcelを行き来しながら、両者の間でデータをコピペでやり取りするという、ごく単純な利用スタイルです。多少手間がかかるものの、わかりやすいのがメリットです。スタイル1のやり方はChapter02で解説します。

スタイル2　ChatGPT関数で利用

ExcelにはChatGPT用の関数（以下、本書では「ChatGPT関数」と呼びます）が使えます。

ChatGPT関数なら、Excelのセルに入力した関数からChatGPTにプロンプトを直接送り、その回答をセル上に得られます。つまり、Webブラウザーを使う必要はなく、Excelのワークシート上だけで完結します。スタイル1のように、ExcelとWebブラウザーを行き来してデータを手動でやり取りする必要がないのが大きな特徴です。

ChatGPT関数はExcelのアドインとして提供されています。アドインとは拡張機能です。デフォルトのExcelでは使えない状態になっていますが、最初に一度だけ追加作業を済ませれば、以降はそのアドインの各種機能を使えるようになります。ChatGPT関数もそのアドインを一度追加すれば、以降は通常の関数と同様に利用できます。アドインの追加はChapter03で手順を改めて解説しますが、Excel上で簡単にできます。

ChatGPT関数の使い方は、こちらもChapter03で詳しく解説しますが、他のExcelの関数と同様です。目的のセルに数式として、「=関数名（引数）」の書式で入力します。引数にはプロンプトなどを指定します。すると、そのセルにChatGPTの回答が得られます。

スタイル3　プログラミングでAPI経由で利用

ChatGPTの「API」（Application Programming Interface）という仕組みを経由して、プログラミングによってChatGPTを利用するスタイルです。VBA（Visual Basic for Applications）やPythonなどのプログラミング言語を使います。

一般的にAPIとは、サービスを外部のプログラムから利用するための仕組みです。例えば、スマートフォンのアプリで、Googleマップが埋め込まれているものを見たり使ったりした経験があるでしょう。例えば、グルメ系アプリにおけるお店の地図です。これはGoogleマップのサービスを、そのアプリという外部のプログラムから利用していることになります。そのアプリの開発に用いているプログラミング言語によって、GoogleマップのAPIを利用する処理が書かれています。

ChatGPTのAPIも同様に、VBAやPythonなどで書いたプログラムから、ChatGPTの各種機能を利用できる仕組みになります。このようなAPIからChatGPTを利用するのがスタイル3です。

上級者向けのスタイルになりますが、Web版ChatGPTやChatGPT関数ではできない複雑な処理、メールなどExcel以外のアプリも組み合わせた自動化など、高度なことが可能になるのがメリットです。

スタイル3は難易度が非常に高いことから、本書では詳しい解説は割愛します。本書最後のChapter04 07（206ページ）にて、全体像を簡単に解説し、かつ、VBAによるプログラムの基本的な例を一つ紹介するにとどめます。ご存知の方も多いかと思いますが、VBAはExcelに標準で搭載されているプログラミング言語です。Excel上からChatGPTのAPIにVBAのプログラムでアクセスして利用します。また、スタイル3はちょうど、スタイル2のChatGPT関数がVBAのプログラムに置き換わったかたちになります。

ChatGPT × Excelの3通りの利用スタイルは以上です。具体的な利用方法やコツなどは、Chapter02以降で順に解説していきます。

Chapter01

ChatGPTのビジネス利用はここに注意

正確さなどは人間のチェックが必要

ChatGPTをビジネスで利用する際、前節で紹介した3種類のどのスタイルに限らず、また、Excelと組み合わせる／しないにかかわらず、いくつか注意事項があります。代表的なものを下記に挙げます。また、これらはビジネス用途に限らず、ChatGPT利用の全般にあてはまります。

(1) 間違いもある
(2) 毎回同じ回答とは限らない
(3) 最新情報は含まれない
(4) 著作権の侵害は要チェック
(5) 機密情報や個人情報を送らない
(6) フェイクニュース作成など悪用は厳禁

以下、補足です。

(1) ChatGPTでは回答に事実と異なる内容が含まれるケースがよくあります。そのため、回答が正しいか、人間による事実確認（ファクトチェック）が欠かせません。ChatGPTの利用で最も重要な注意点です。

(2) まったく同じプロンプトを送っても、得られる回答は毎回同じとは限らないことも留意しておくべきでしょう。回答の内容が変わったり、内容自体は同じでも、形式（一連の文章なのか箇条書きなのか等）や言い回しなどが変わる場合が多々あります。これはChatGPTの仕組み上、避けられないことです（Chapter03で補足します）。

(3) ChatGPTの回答は、2021年9月までの情報しか反映されていません（本書執筆時点）。最新情報を得ることは原則難しいのが現状です。これもChatGPTの仕組み上、避けられないことです。情報の鮮度が問われる場合は、そのチェックも大切です。

(4) ChatGPTの回答として自動作成された文章やキャッチコピーなどは、すでに他人が作成・発表したものと同じ、もしくは非常に似ている可能性があります。これはインターネットの膨大な情報を参考に回答を作成しているChatGPTの仕組みに起因します。得られた回答をビジネスで使う際、著作権侵害にならないよう、人間のチェックも必須です。

(5) ChatGPTでは原則、ユーザーから送られたプロンプトはAIの学習に利用されます。そのため、機密情報や個人情報を送るのは避けましょう。なお、学習を拒否するよう設定することも可能です。その方法はChapter02 01のコラムで紹介します。

(6) ビジネス用途とは関係性は薄い注意事項ですが、フェイクニュース以外にも、ヘイトスピーチの作成をはじめ、悪用が厳禁であることは言うまでもありません。詳しくはChatGPTのユーザーポリシー（https://openai.com/policies/usage-policies）などを参考にしましょう（画面1）。

画面1　ChatGPTのユーザーポリシー

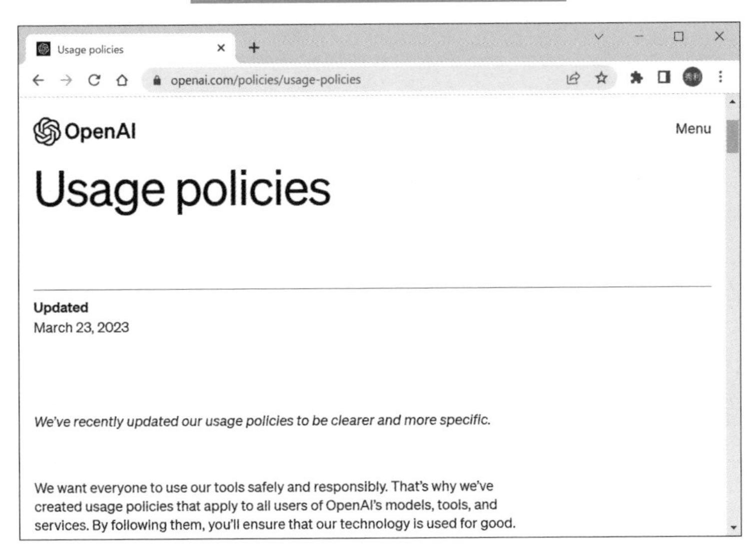

OpenAIについて

ChatGPT開発元であるOpenAIは、AIの研究開発を行う企業です。2015年にサム・アルトマン氏らによって設立されました。出資者には、イーロン・マスク氏(テスラ社CEO等)やリード・ホフマン氏(LinkedIn共同創業者)をはじめ、名だたる起業家や投資家が含まれます。もともとは非営利の研究組織としてスタートしました。「AIが全人類に利益をもたらすようにすること」を使命に掲げています。

OpenAIはChatGPT以外にも、言葉から画像を生成する「DALL·E」や音声認識/機械翻訳の「Whisper」など、さまざまなAIの研究開発およびサービス展開を手掛けています。公式サイトはhttps://openai.com/です(画面)。

画面 OpenAI公式サイト

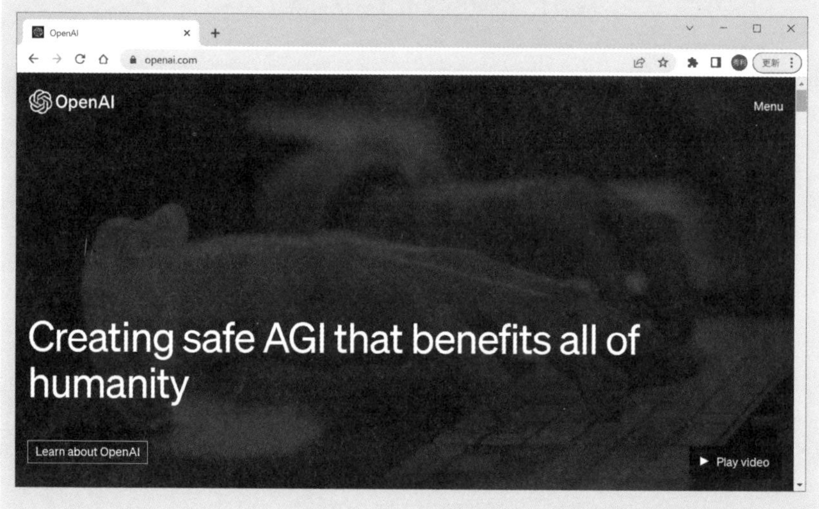

ChatGPT×Excelを始めよう

ChatGPTを利用するには

ChatGPTのアカウントを作成しよう

本章では、ChatGPTを使う準備をします。続けて、Chapter01 02で紹介したスタイル1「Web版とExcelを行き来して利用」を解説します。

最初に本節にて、ChatGPTを使う準備として、アカウントを作成します。もし、すでに作成済みなら次節に進んでください。

ChatGPTのアカウントの作成方法はChapter01 01でも少し触れましたが、メールアドレス、Googleアカウント、Microsoftアカウント、Appleアカウントの4通りあります。本書ではメールアドレスを使った方法を解説します。

本書の解説では、WebブラウザーはGoogle Chromeを使うとします。Microsoft Edgeなど他のWebブラウザーでも操作手順や画面の内容は同じです。次章以降も同様です。

なお、4ページの「はじめに」でも述べましたが、本書の内容は操作手順や画面をはじめ、すべて本書執筆時点(2023年6月)のものです。ChatGPTはとても進化が速く、操作手順や画面も頻繁に変更されます。これから解説するアカウント作成の手順や画面が最新のものと異なっている可能性がある点をあらかじめご了承ください。もし異なっていたら、画面の記載内容に従い作成してください。

メールアドレスでアカウントを作成

それでは、アカウントの作成を始めます。メールアドレスでのChatGPTのアカウント作成は、次のURLのChatGPTのWebページから行います。

【URL】

https://openai.com/blog/chatgpt

Webブラウザーを起動し、上記URLを開いてください。画面1のWebページが表示されます。

画面1　ChatGPTのWebページ

画面1の左下にある①［Try ChatGPT］をクリックしてください。すると、Webブラウザーの新規タブで、画面2が開きます。

画面2　［Sign up］をクリック

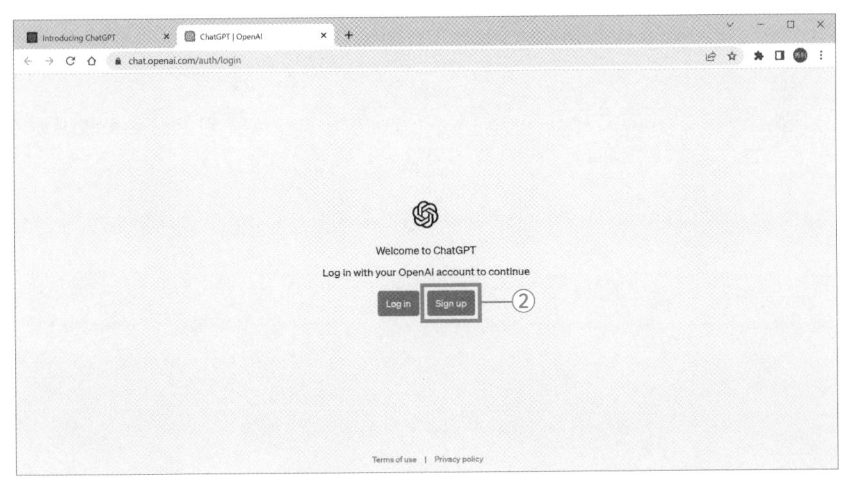

画面2の②［Sign up］をクリックしてください。すると画面3が開きます。なお、アカウント作成済みなら、画面2では［Log in］をクリックし、ログインを行ってください。

画面3　メールアドレスを入力

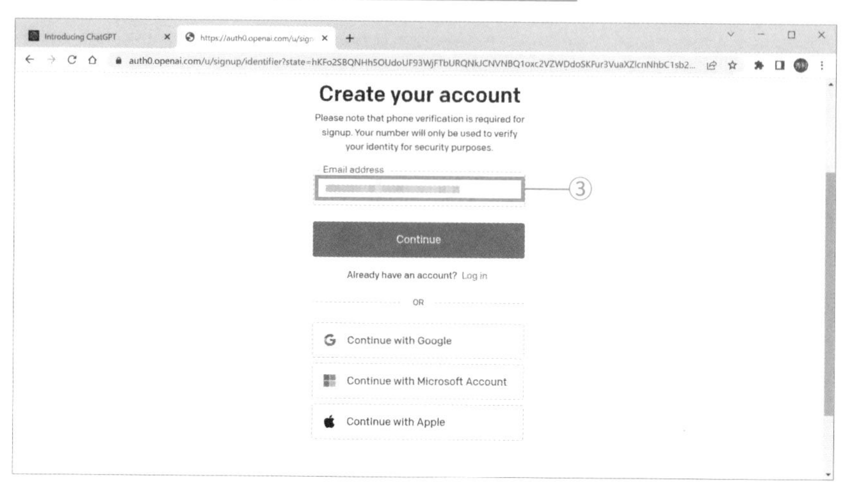

画面3の③「Email address」欄に、自分のメールアドレスを入力してください。

なお、GoogleまたはMicrosoftまたはAppleのアカウントでChatGPTを利用するなら、「Email address」欄の下にある各アカウントのボタンをクリックしてください。

画面3でメールアドレスを入力すると、その下に自動で④「Password」欄が表示されます（画面4）。自分のパスワードを考えて入力してください。

画面4　パスワードを設定

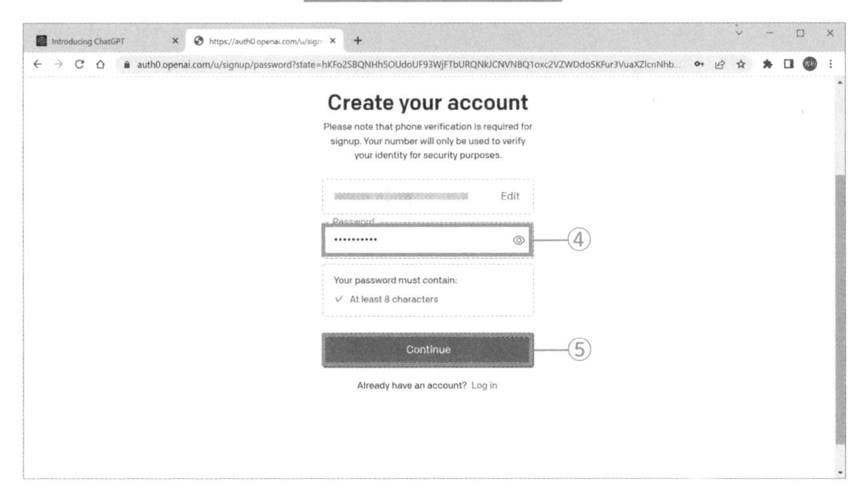

メールアドレスとパスワードを設定できたら、⑤［Continue］をクリックしてください。すると、「Verify your email」と表示され、設定したメールアドレス宛にOpenAI（ChatGPTの開発元）からメールが届きます。自分のメールクライアントソフトなどで受信して開いてください。画面5はOutlookで開いた例です。

画面5　OpenAIからのメールの例

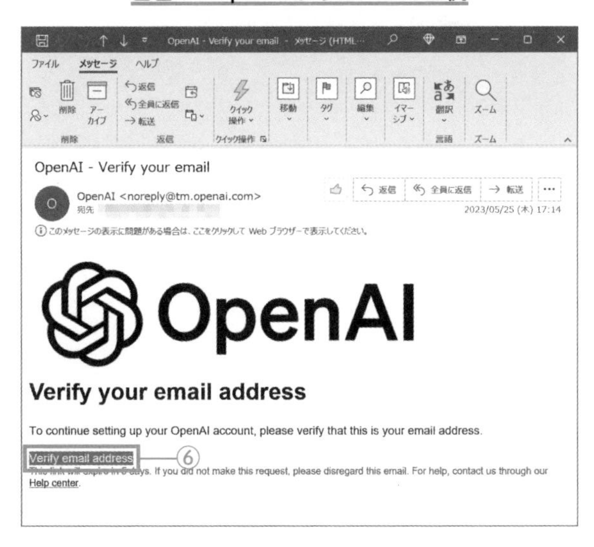

メール本文にある⑥[Verify email addres]をクリックしてください。

すると、Webブラウザーに切り替わり、自動でタブが追加され、「Tell us about you」と表示された画面が開きます(画面6)。⑦自分の姓名、誕生日(日/月/年の形式)を入力したら、⑧[Continue]をクリックしてください。

画面6　自分の姓名と誕生日を入力

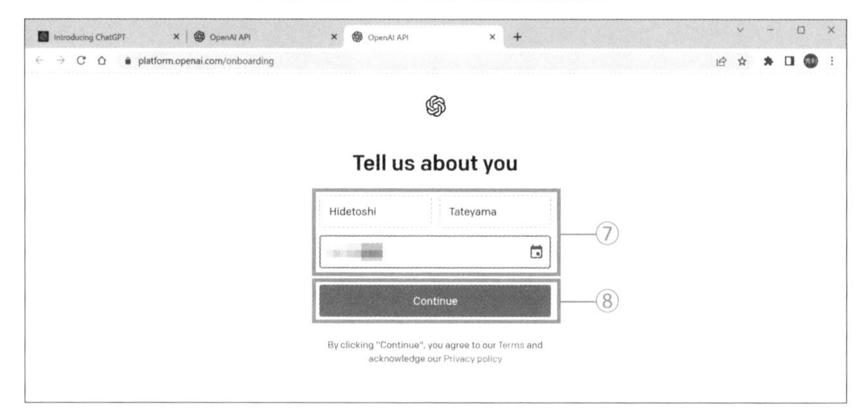

「Verify your phone number」と表示された画面が開きます(画面7)。⑨「+81」に続けて、自分の携帯電話番号を入力し、⑩[Send code]をクリックしてください。

画面7　自分の携帯番号を入力

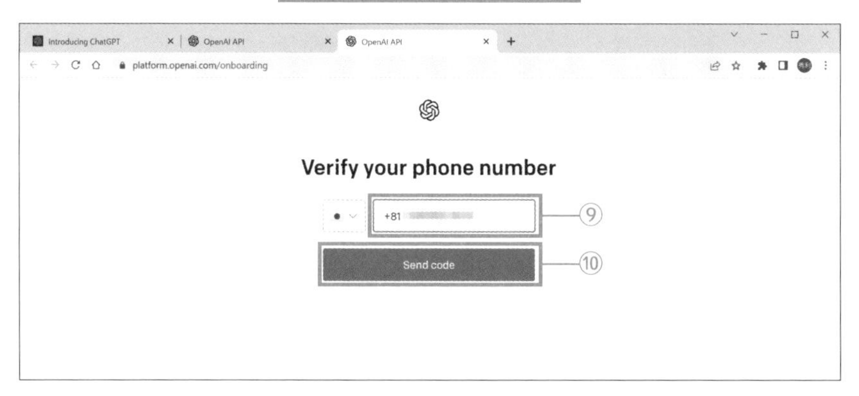

すると、登録した携帯電話番号にSMSで6桁のコードが送られてきます。同時に画面7が6桁のコードを入力する画面に自動で切り替わります。SMS

で送られてきたコードを入力してください。6桁入力し終わると、自動で画面が切り替わります。

画面が切り替わると、画面8のメッセージが表示されます。⑪［Next］をクリックしてください。

画面8　6桁のコード入力後に自動表示される画面

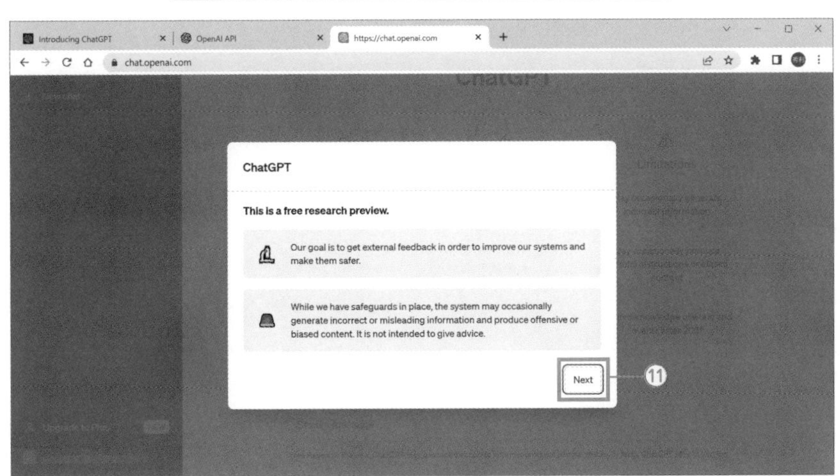

その次のメッセージも同じく［Next］をクリックしてください。続けて、画面9が表示されるので、⑫［Done］をクリックしてください。

画面9　［Done］をクリック

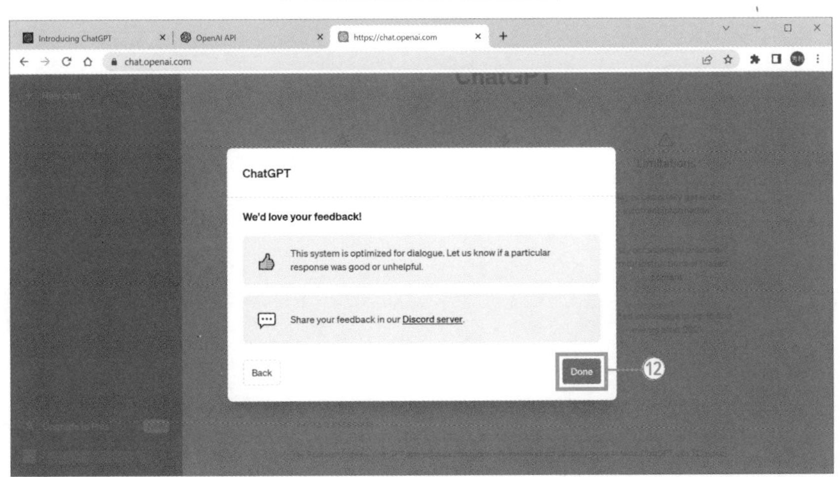

これでアカウントの作成は完了です。画面10の画面が表示され、ChatGPTが利用可能になります。これがWeb版ChatGPTの画面です。左下にはユーザー名が表示されます。今回はメールアドレスでアカウントを作成したので、ユーザー名として、メールアドレスが表示されます（画面10ではモザイク処理をかけています）。

画面10のWeb版ChatGPTの基本的な使い方は次節で解説します。

画面10　Web版ChatGPTの画面

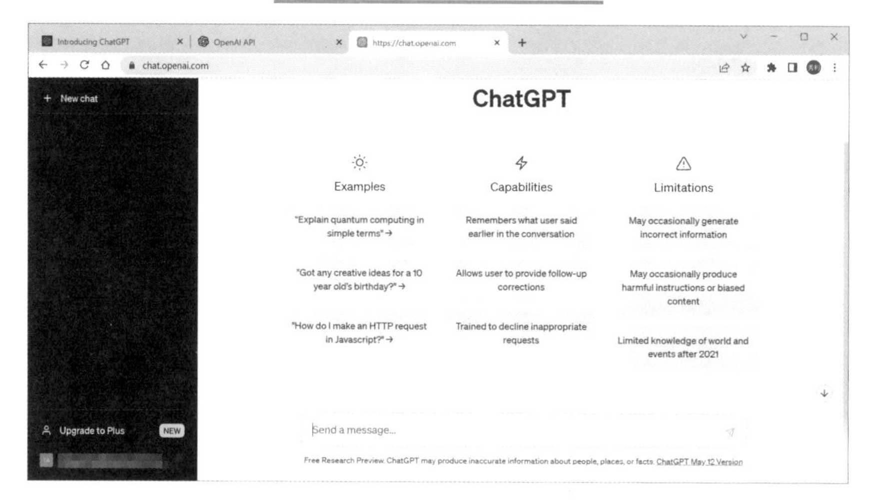

以降は以下のURLからこの画面にアクセスできます。もしログインを求められたら、登録したメールアドレスとパスワードでログインしてください。

【URL】
https://chat.openai.com/

ChatGPTの有料プラン「ChatGPT Plus」

本節で作成したChatGPTのアカウントは、標準では無料プランです。加えて、月額20ドルの有料プラン「ChatGPT Plus」も用意されており、主に以下のメリットがあります。

1. より速い応答速度で利用できる
2. ピーク時でも快適に利用できる
3. より高精度な最新のAIのモデル「GPT-4」を使える
4. 新機能を先行利用できる

2については、利用者が集中するピークの時間帯では、無料プランはレスポンスが悪くなり、ひどいとアクセスエラーで回答が得られないケースもしばしばあります。ChatGPT Plusならピーク時でもアクセスでき、快適に利用できます。3については、ChatGPTの最新版が使え、回答の精度が大幅に向上するなど、大きなメリットが得られます。

ChatGPT Plusを申し込むには、ChatGPT画面の左下にある［Upgrade to Plus］をクリックし、支払い方法の登録など必要な手続きを行います。

画面　有料版申込はここから

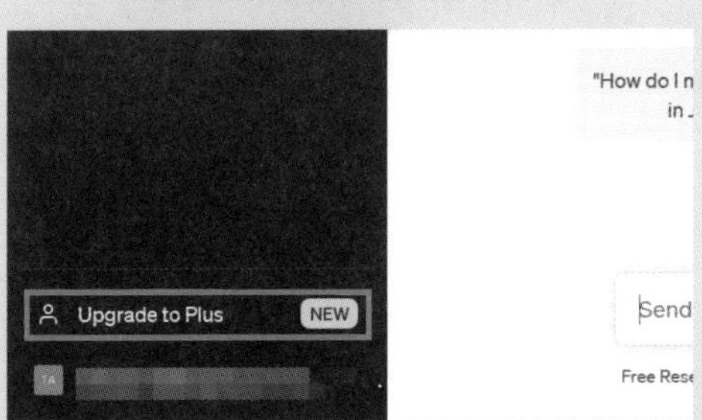

また、ChatGPT Plusの詳細は公式サイトのhttps://openai.com/blog/chatgpt-plusに記載されています。

Chapter02

まずはChatGPTだけWebブラウザーで体験

Web版ChatGPTを使ってみよう

これでアカウントが作成でき、ChatGPTが利用可能になりました。ChatGPT × Excelのスタイル1「Web版とExcelを行き来して利用」を学ぶ前に、まずは本節にて、試しにWeb版ChatGPTだけを使ってみましょう。Excelは使わず、Webブラウザーだけを使います。スタイル1の解説は次節から始めます。

Web版ChatGPTでは、質問や要望などのプロンプトは、①「Send a message...」と薄い文字で表示されているボックスに入力します（画面1）。ここでは試しに、次の質問のプロンプトを例として入力してみます。

Excelとはどんなソフトですか？

画面1　ChatGPTにプロンプトを入力

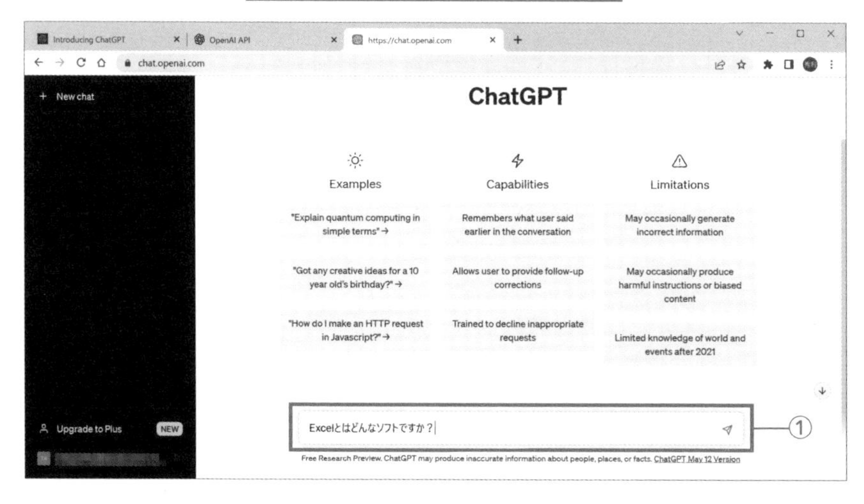

プロンプトを入力したら、Enterキーを押せば、そのプロンプトがChatGPTに送信されます。もしくは、同ボックスの右端にある紙飛行機型アイコンのボタンをクリックしても送信できます。

プロンプトを送信すると、そのプロンプトが表示され、その下にChatGPTの回答が表示されます（画面2）。回答が長い文章になる場合、順に表示されていきます。その際、自動でスクロールされます。

画面2　得られた回答が表示された

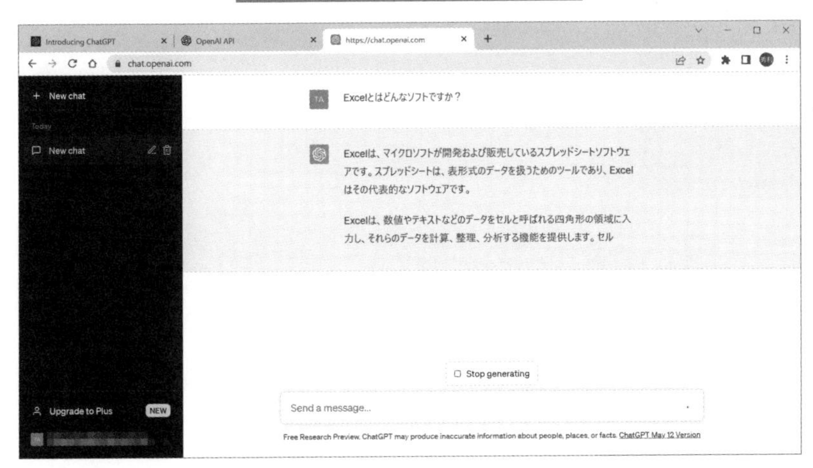

今回の例のプロンプト「Excelとはどんなソフトですか？」に対する回答が最後まで表示された状態が画面3です。

画面3　回答が最後まで表示された

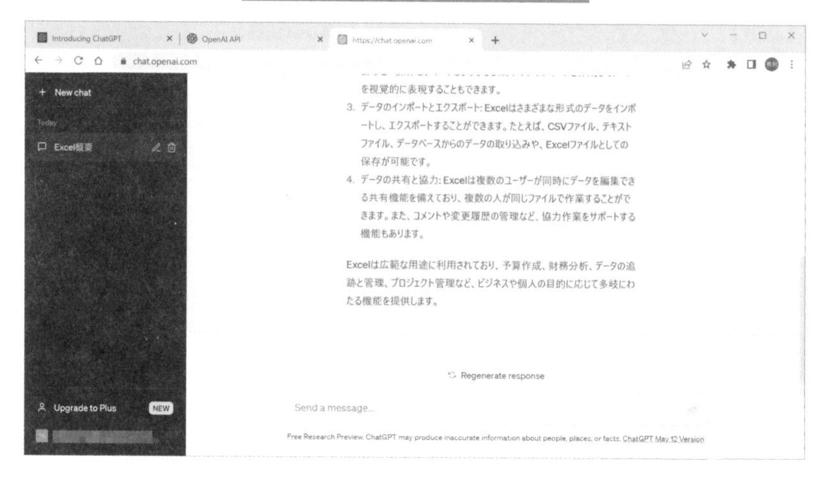

この例のように、質問などのプロンプトを入力するだけで、その回答が得られます。これがWeb版ChatGPTの基本的な使い方です。本章では以降、Web版ChatGPTのことは単に「ChatGPT」と表記するとします（次章以降はWeb版以外も登場するので、「Web版ChatGPT」という表記を用います）。

これも知っておくとなお良し！

ここからは細かい点をいくつか補足します。

チャットは名前を付けて管理・保存される

ChatGPTでは、質問などのプロンプトと回答の内容、およびそれらの一連の流れの履歴などは、ひとまとまりのチャットとして名前を付けて管理・保存されます。チャットの名前は自動で付けられ、画面左側に一覧表示されます。画面1や画面2の時点では、「New chat」であったのが、回答がすべて表示された画面3の時点では「Excel概要」に変わっています。これはプロンプトの内容などから自動で付けられた名前です。

チャット名はいつでも変更できます。変更するには、一覧のチャット名の右側にある鉛筆アイコンをクリックします。

また、チャットの管理などについては次節でも追加で補足します。

[Stop generating]などの意味

画面2のように、回答の文章が長く、順に表示されている最中は、画面下側に［Stop generating］というボタンが表示されます。クリックすると、回答を途中で止めることができます。

回答がすべて表示され終わると、画面3のように［Regenerate response］ボタンが表示されます。クリックすると、再度回答が得られます。

そして、今回の例には該当しませんが、回答が大変長い場合、途中まで表示されてから、自動的に一時停止します。その際は［Continue generating］ボタンが表示されるので、クリックで再開できます。

ピーク時にはエラーになることも

多くの利用者が集中しているピーク時には、回答が遅くなります。場合によってはエラーになって、回答が得られません。エラーの際は例えば、次のようなアラートが表示されます。

・Something went wrong. If this issue persists please contact us through our help center at help.openai.com
・You've reached our limit of messages per hour. Please try again later.

1つ目のアラートは主に、ピーク時に表示されるものです。2つ目のアラートは、一定時間内の使用可能な上限を超えた場合のエラーです。

上記アラートは一例ですが、いずれにせよエラーの際は、何かしらのアラートが表示されます。もし、エラーになってしまった場合、しばらく時間をおいて再度試してみましょう。

仕事でのChatGPTの活用例

もう少しビジネス寄りのChatGPTの使い方をイメージできるよう、別の簡単な例を紹介しましょう。

想定するシチュエーションとしては、ある架空の企業がレストランを多店舗展開しており、これから未進出の県に新たに出店すべく、下調べ的にちょっとしたリサーチをかけたいとします。その県は静岡県と仮定します。とりあえず主要な都市とその人口を調べようと、ChatGPTに以下のプロンプトで質問をしました。その結果得られた回答が画面4です。

静岡県の主要都市とそれぞれの人口を教えてください。

画面4　新規出店の下調べの例

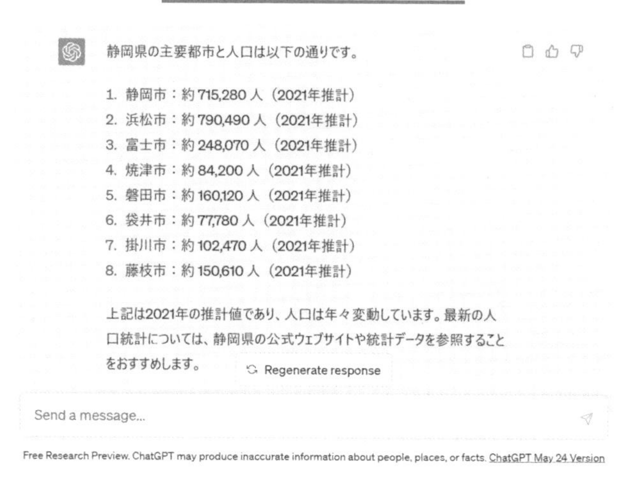

主要都市のリストアップはできました。しかし、人口は2021年の推定値であり、その下には「最新の人口統計については、静岡県の公式ウェブサイトや統計データを参照することをおすすめします。」と注意書きがあります。

そこで、各都市の公式サイトを調べるべく、ChatGPTに次のプロンプトを送信しました。その結果得られた回答が画面5です。

静岡県の主要都市とそれぞれの公式サイトを教えてください。

画面5　各都市の公式サイトのURLが得られた

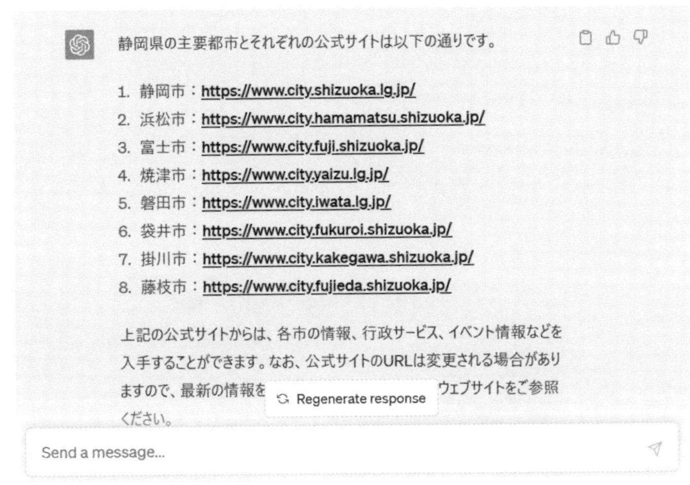

このように回答として、おのおのの主要都市の公式サイトのURLが得られました。ChatGPTのビジネス寄りの使い方の例は以上です。

もちろん、人間による事実確認（ファクトチェック）を行い、適宜修正・追加する必要があります。しかし、情報がゼロの状態から静岡県の主要都市を調べたり、各都市の公式サイトを検索するなどして一つ一つ調べたりするよりも、はるかに効率よくリサーチ作業が行えました。

なお、画面5の回答では、磐田市の公式サイトURLが「https://www.city.iwata.lg.jp/」と誤っています。正しくは「https://www.city.iwata.shizuoka.jp/」です。他にも、プロンプトの文言次第では、高知県の宿毛市が静岡県の主要都市に挙げられてしまうなど、誤りが含まれるケースがいくつかありました。人間による事実確認が不可欠であることの典型例でしょう。

また、Chapter01 02でも触れたように、同じ質問のプロンプトを送っても、画面5とは異なる回答が得られる可能性もあります。これはChatGPTでは避けられないことです。以降も本書では、場合によっては誌面で掲載している回答と、読者のみなさんのお手元の回答が異なる可能性があることをあらかじめご了承ください。

また、同じくChapter01 02でも触れたように、ChatGPTの仕組み上、読者のみなさんのお手元でも、まったく同じプロンプトを再度送った際、異なる回答が得られる可能性も多々あります。

プロンプトの学習利用を拒否するには

ChatGPTは標準では、チャットの内容は履歴として保存されます。なおかつ、開発元のOpenAI側で、AIの精度改善のための学習に利用されます。自分が入力したプロンプトなどをAIの学習に利用されたくなければ、拒否するよう設定できます。

ChatGPTの画面左下の①ユーザー名の部分をクリックすると（画面1）、メニューが表示されるので、②［Settings］をクリックします。

画面1　［Settings］をクリックして開く

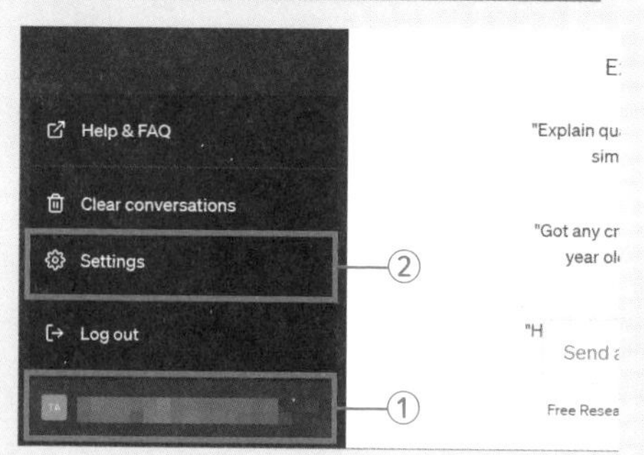

「Settings」ダイアログが開きます。左側のメニューの③［Data controls］をクリックして選びます。そして、［Chat History & Training］のスライドスイッチ④をクリックしてオフに変更します（画面2はオンの状態）

画面2　学習利用をオフに設定する

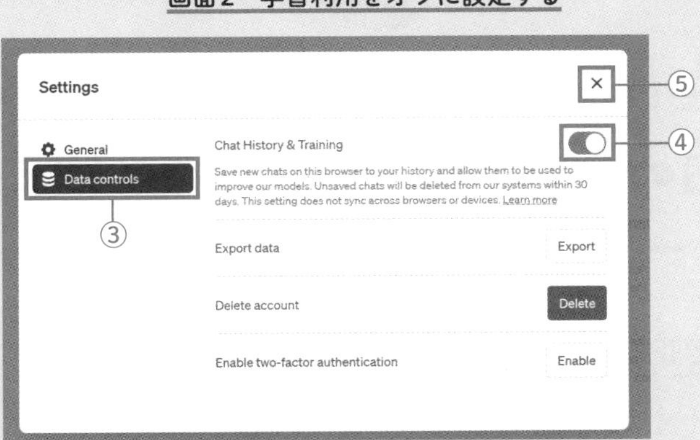

これで、自分のプロンプトが学習に利用されなくなりました。右上の⑤［×］をクリックして、「Settings」ダイアログを閉じてください。

学習に利用されないとはいえ、機密情報や個人情報は入力しない方がよいことは変わらないので、引き続き注意しましょう。

プロンプトの学習利用を拒否するよう設定すると、同時に、以降はチャットの履歴も無効化されます。画面3のように、画面左側にチャットが一覧表示されなくなります。

画面3　画面左側に履歴が表示されなくなった

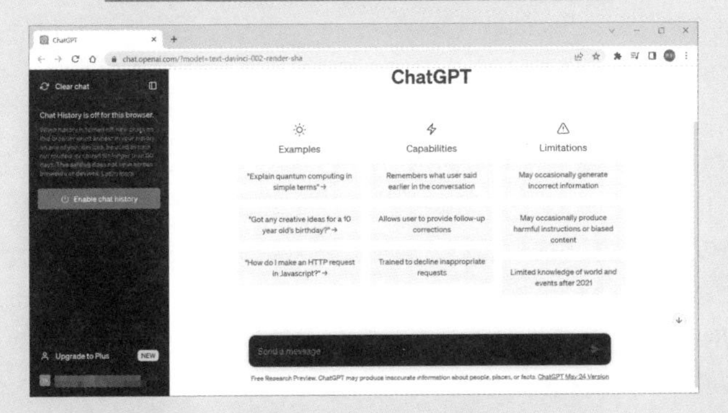

話題を変えるなど、別のチャットを始めたい場合は、［Clear chat］をクリックしてください。履歴を復活させたければ、［Enable chat history］をクリックしてください。

また、画面2の「Settings」ダイアログでは他に、履歴をエクスポートしてダウンロードすることなどもできます。

Chapter02 03

Web版ChatGPTとExcelを組み合わせてビジネス利用

ChatGPTの回答の表をExcelに取り込む

本節では、いよいよChatGPTとExcelを組み合わせとして、Chapter01 02で紹介したスタイル1「Web版とExcelを行き来して利用」の基本的な方法を解説します。

ここでは、前節のリサーチ結果である静岡県の主要都市の名前と公式サイトURLから、Excelの表を作成するとします。この例の想定シチュエーションは先述のとおり、新規出店のための下調べでしたが、他に例えば、導入する製品やサービスの候補の比較検討をはじめ、リサーチ結果をExcelの表にまとめる機会はビジネスで多いでしょう。

スタイル1の方法では、ChatGPTとExcelの連携手段はいわば、単なるコピペです。つまり、ChatGPTの回答をWebブラウザー上でクリップボードに手動でコピーし、Excelのワークシートに同じく手動で貼り付けるだけです。これによって、ChatGPTの回答をExcelに取り込みます。

前節のリサーチ結果である前節の画面5は、連番に続けて都市名があり、その右側に「：」(コロン)に続き、公式サイトURLが表示されています。それが都市の数だけ下方向に続いており、表のような形式になっています。

これをExcelにコピペして表にするには、ChatGPTの回答の都市名や公式サイトURLを一つ一つコピーして、Excelのセルにひとつひとつ貼り付けても、もちろん誤りでありませんが、多くの手間がかかり非効率的です。

ひとつひとつではなく、まとめてコピペしたいところですが、今のままではうまくいきません。一度試してみましょう。前節の回答が得られているWeb版ChatGPTにて、都市名と公式サイトURLの部分をドラッグして選択し、右クリック→[コピー]などで、クリップボードにコピーしてください(画面1)。なお、連番の部分をドラッグしても、連番は除いて選択されます。

画面1 ドラッグして選択しコピー

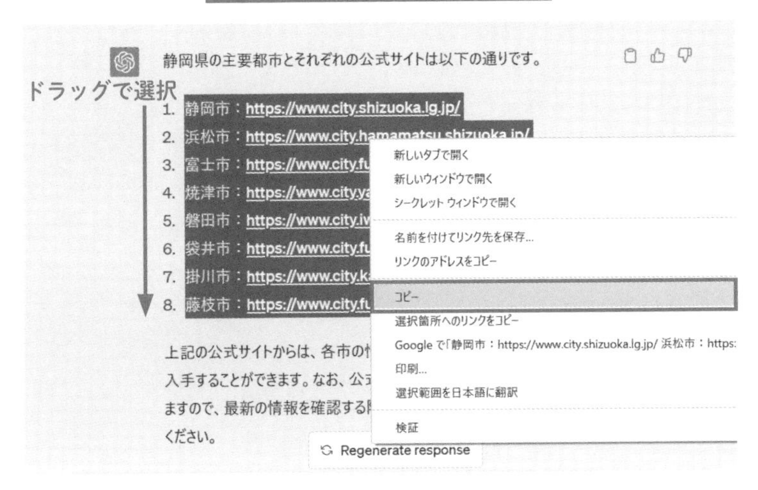

次にExcelを起動し、新規ブックを作成してください。そしてワークシート「Sheet1」のA1セルを選択して、貼り付けを実行してください。すると画面2のようになってしまいます。

画面2 Excelに貼り付けた結果

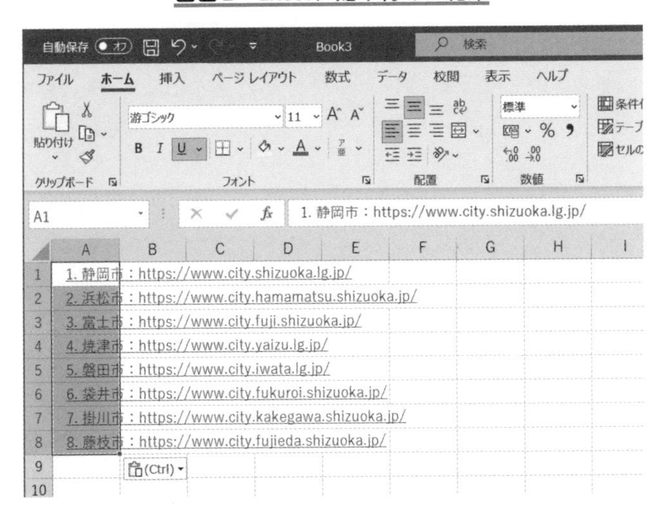

A1セルを選択して数式バーを確認すると、都市名と公式サイトURLが同じ1つのセルに入力された形式になっていることがわかります。A2セル以

降も、都市ごとに別の行のセルに分かれているものの、都市名と公式サイトURLが同じ1つのセルに含まれていることは変わりません。

このような形式では、表の体を成していません。都市名と公式サイトURLを別のセルに分離する作業が必要となってしまい、非効率的なままです。なお、通常の貼り付けではなく、値のみ貼り付けでも、書式が反映されないだけで、この形式になってしまうことは同じです。

Excelへのコピペの結果を確認できたら、Ctrl + Zキーを押すなどして[元に戻す]を実行し、ワークシートを貼り付け前の状態に戻しておいてください。

ChatGPTの回答を表形式にしてExcelにコピペ

ChatGPTの回答からExcelの表をより効率よく作成するには、ChatGPTに回答を表形式にしてもらいます。さっそくやってみましょう。Webブラウザー上に切り替えてChatGPTに戻り、以下のプロンプトを入力・送信してください。

表形式にしてください。

すると、画面3のように回答が得られ、都市名と公式サイトURLが表の形式で改めて表示されます。罫線によって全体が囲まれ、各データも区切られています。また、1行目には列の見出しも自動で付けられています。

画面3　都市名と公式サイトURLが表形式になった

この表の部分をドラッグして選択し、クリップボードにコピーしてください（画面4）。

画面4　回答の表の部分を選択してコピー

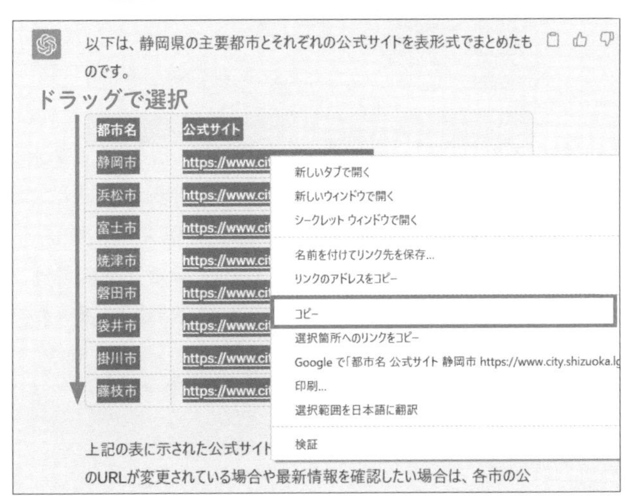

ちなみに、回答の右上にあるバインダー（クリップボード）型アイコンをクリックすると、回答をすべてクリップボードにコピーできます。今回は表の部分だけを使いたいので、ドラッグして手動で選択します。

画面4の操作によって表をコピーできたら、Excelに切り替え、A1セルに貼り付けてください。すると画面5のようになります。

画面5　回答の表を貼り付けた結果

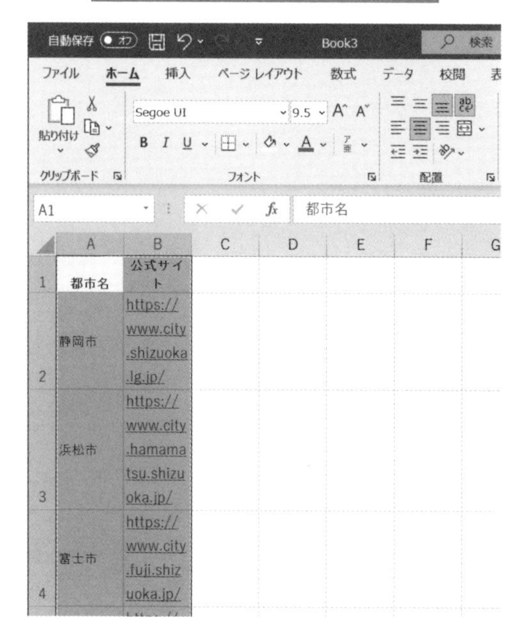

通常の貼り付けでは、コピー元の書式が反映されるので、フォントのサイズや種類、配置、セルの塗りつぶし色、列幅などの表の書式は、画面3および画面4のChatGPTのものが反映されています。例えば、画面5でExcelの［ホーム］タブの「フォント」や「配置」を見ると、フォントのサイズの他、配置が［下揃え］になっていたり、［折り返して全体を表示する］がオンになっていたりするなどの書式が確認できます。

取り急ぎ列幅と行の高さを調整した状態が画面6です。

画面6　列幅と行の高さを調整

A1　都市名

	A	B
1	都市名	公式サイト
2	静岡市	https://www.city.shizuoka.lg.jp/
3	浜松市	https://www.city.hamamatsu.shizuoka.jp/
4	富士市	https://www.city.fuji.shizuoka.jp/
5	焼津市	https://www.city.yaizu.lg.jp/
6	磐田市	https://www.city.iwata.lg.jp/
7	袋井市	https://www.city.fukuroi.shizuoka.jp/
8	掛川市	https://www.city.kakegawa.shizuoka.jp/
9	藤枝市	https://www.city.fujieda.shizuoka.jp/
10		

コピー元であるChatGPTの表の書式をExcelでも用いたい場合なら、このように通常の貼り付けでよいでしょう。そうではなく、表の書式はExcelでゼロの状態から設定したいなら、通常の貼り付けではなく、[形式を選択して貼り付け]などから、値のみを貼り付けてください。

画面7は、新規ワークシートを追加し、そこに値のみ貼り付けた結果です。

画面7　値のみ貼り付けた結果

A1　都市名

	A	B
1	都市名	公式サイト
2	静岡市	https://www.city.shizuoka.lg.jp/
3	浜松市	https://www.city.hamamatsu.shizuoka.jp/
4	富士市	https://www.city.fuji.shizuoka.jp/
5	焼津市	https://www.city.yaizu.lg.jp/
6	磐田市	https://www.city.iwata.lg.jp/
7	袋井市	https://www.city.fukuroi.shizuoka.jp/
8	掛川市	https://www.city.kakegawa.shizuoka.jp/
9	藤枝市	https://www.city.fujieda.shizuoka.jp/
10		

(Ctrl)

この場合、B列の公式サイトURLは単なる文字列になり、リンク（ハイパーリンク）が張られておらず、クリックしてもそのURLのWebページを開けません。リンクを張るには、目的のセルをダブルクリックするか F2 キーを押すなどして、一度セルを編集モードにした後、Enter キーで確定してください。これでURLの文字列が青文字でかつ下線ありになり、クリックでそのURLのWebページを開けるようになります。

上記作業はB列のセルごとに手動で行う必要があります。もし、対象のセルの数が多く、上記作業をすべてのセルに行うのが大変なら、リンクが張られたまま貼り付けます。図1の方法で行うのがわかりやすいでしょう。

図1の方法は、ChatGPTの表をいったん、Excelの空いている場所のセルもしくは別のワークシートにそのまま貼り付けます。次に、URLの列のセルだけをコピーして、目的の表のセルに貼り付けます。これでリンクが張られた状態で貼り付けられます。ただし、フォントサイズなどの書式は、コピー元であるChatGPTの表の書式が適用されます。

図1　リンクを貼ったまま貼り付ける手順

1. Webブラウザー上で目的の表を画面4の手順でクリップボードにコピー

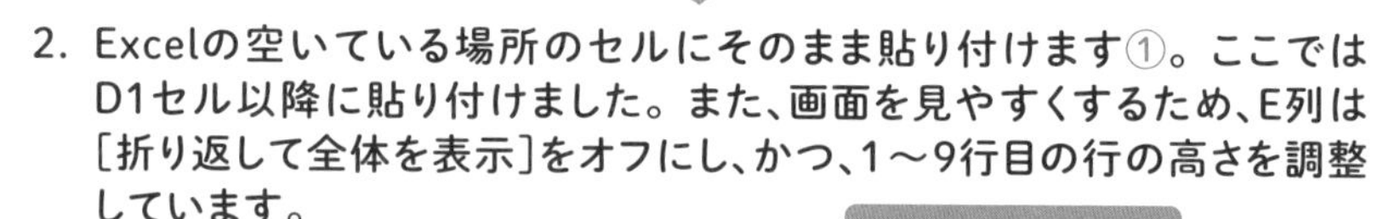

2. Excelの空いている場所のセルにそのまま貼り付けます①。ここではD1セル以降に貼り付けました。また、画面を見やすくするため、E列は[折り返して全体を表示]をオフにし、かつ、1～9行目の行の高さを調整しています。

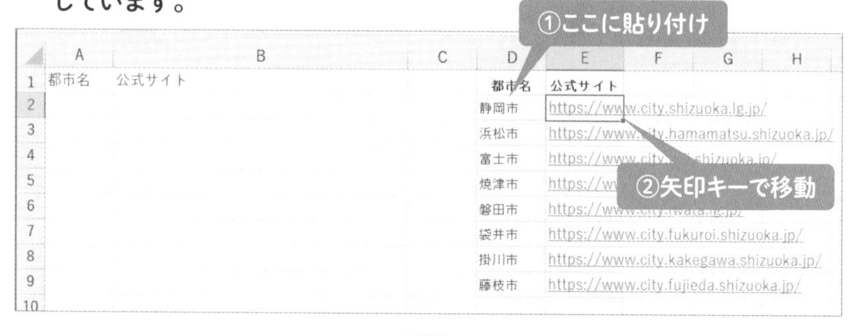

3. URLが入力されているE2～E9セルを選択してコピーしたいが、ドラッグ操作だと、URLが開いてしまい、うまく選択できません。選択するには、まずは矢印キーで②E2セルに移動します。

4. E2セルが選択された状態で、③ Shift ＋ ↓ キーを押します。選択範囲が下方向に広がるので、E9セルまで含むよう広げてください。E2〜E9セルを選択できたら、[ホーム]タブの[コピー]などで、クリップボードに④コピーします。

5. URLを入力したいセル(この例ではB2セル)を選択し、⑤貼り付けます。これでリンクが張られた状態で貼り付けられます。あとはセルの塗りつぶしやフォントサイズなどの書式を整えます。

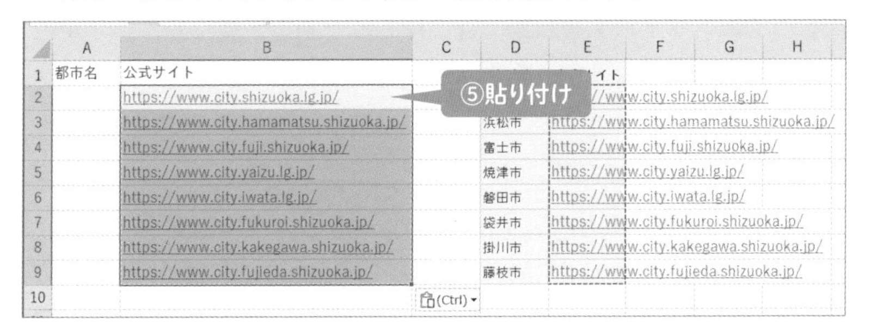

ChatGPTを使う際のツボ

ここからは細かい点をいくつか補足します。

チャットの文脈に沿って回答される

ChatGPTでは、同じ一連のチャットの中なら、前のプロンプトと回答の内容は引き継がれ、それ以降にも反映・踏襲されます。言い換えると、チャットの文脈に沿って回答してくれます。

先ほどの画面3では、単に「表形式にしてください。」とプロンプトを送っただけなのに、静岡県の主要都市の名前と公式サイトURLの表が回答されました。これは、その前の回答で静岡県の主要都市の名前と公式サイトURLを得ており、それを踏まえてChatGPTが表形式に変換して回答したのです。

チャットは複数作成できます。新規作成するには、画面左側の［+ New Chat］をクリックしてください。異なるチャットの間では、プロンプトと回答の内容は反映・踏襲されません。この点を踏まえ、同じチャットを続けて使うのか、新しいチャットを作成するのか、適宜使い分けましょう。

プロンプトは他の文言でもOK

画面3では、ChatGPTに回答を表形式にしてもらうため、「表形式にしてください。」というプロンプトを送りました。他にも、例えば「表形式にまとめてください。」など、他の表現でも構いません。また、「静岡県の主要都市とそれぞれの公式サイトを教えてください。回答は表形式にしてください。」と、複数の文章をまとめたプロンプトにしても構いません。

本書で以降に登場する例でも同様に、解説で用いているプロンプトはあくまでも一例であり、他の表現でも構いません。

ただし、プロンプトの文言次第では、得られる回答が変化し、誤りが増える場合もあるので注意してください。

Excelの表をプロンプトに用いる

ここまでは、ChatGPTの回答をExcelのワークシートにコピペしてきました。データの流れはいわば、ChatGPTからExcelへの一方通行だけでした。スタイル1では、ExcelからChatGPTへという逆のデータの流れでも、組み合わせることができます。

一体どういうことなのか、具体例を紹介しましょう。リサーチ業務のなかで、画面8のように、札幌市をはじめ7つの都市の名前と公式サイトURLの表をExcelで作成したいとします。A2～A8セルには、目的の都市名が既に入力してあります。その公式サイトURLをChatGPTで調べ、同じ行のB列に入力したいとします。

画面8　A2～A8セルに都市名が入力済み

A2　札幌市

	A	B	C
1	都市名	公式サイト	
2	札幌市		
3	仙台市		
4	金沢市		
5	名古屋市		
6	神戸市		
7	松山市		
8	福岡市		
9			

もちろん、ChatGPTに質問として、「札幌市、仙台市、金沢市、名古屋市、神戸市、松山市、福岡市のそれぞれの公式サイトを教えてください。」などのようなプロンプトを送っても構いませんが、せっかくExcelのワークシートに都市のリスト（一覧）が入力済みなので、それを活用します。

その方法は図2の通りです。このあとすぐ実際に体験していただくので、まだお手元のChatGPTとExcelでは操作せず、まずは解説をお読みください。

プロンプトとしてまず下記を入力します。

次の市の公式サイトを教えてください。回答は表形式にしてください。

そして、その下に、都市名のリストをExcelのワークシートからコピペします。ChatGPTはプロンプトの中に、Excelの表のセルのデータをコピペして使うこともできるのです。これがExcelからChatGPTへ、というデータの流れです。

図2　Excelのデータをプロンプトにコピペ

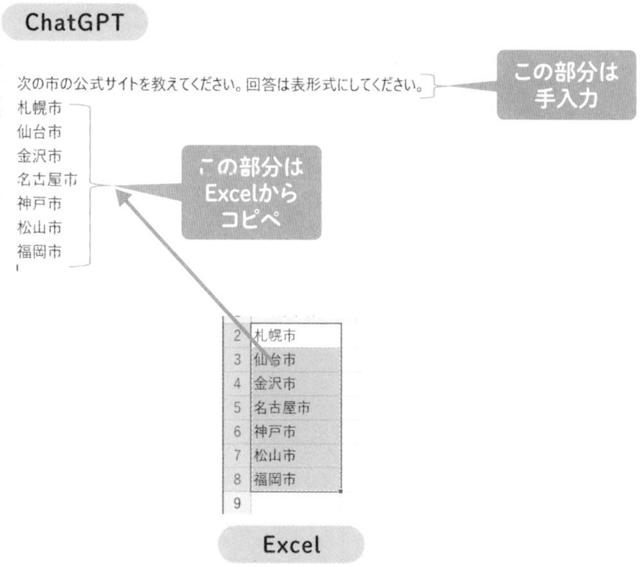

「次の市～」という文言で最初の質問文を作るのがポイントです。これで、その質問文の下に、Excelのセルに入力されている都市名のデータをコピペすると、「次の市～」がその都市名であるとChatGPTが解釈し、公式サイトURLを回答してくれます。このようにChatGPTが文脈を理解できることが前提になっています。そして、Excelの表にある複数のデータ（今回の例なら都市名のリスト）をまとめてChatGPTにコピペできるため、目的のプロンプトを効率よく作成できます。

あとは得られたChatGPTの回答をExcelのワークシートに適宜コピペして表を完成させます。こちらはChatGPTからExcelへ、という本節で最初に体験したデータの流れです。

それでは、実際に体験してみましょう。まずはChatGPTにて、先ほど紹介した以下のプロンプトを入力してください（画面9）。この段階ではまだ送信しないので、Enterキーを押したり、紙飛行機アイコンをクリックしたりしないでください。

次の市の公式サイトを教えてください。回答は表形式にしてください。

画面9　まずはこれだけ入力。送信はしない

Regenerate response

次の市の公式サイトを教えてください。回答は表形式にしてください。

Free Research Preview. ChatGPT may produce inaccurate information about people, places, c

続けて、その下に都市名のリストをExcelからコピペする準備として、プロンプトを改行します。プロンプトを途中で改行するには、Shift＋Enterを押してください。Enterキーだけだと、プロンプトが送信されてしまうので注意しましょう。

すると、改行され、カーソルが次の行に移動します（画面10）。あわせて、プロンプトを入力するボックスが縦方向に広がります。

画面10　プロンプトを途中で改行

Regenerate response

次の市の公式サイトを教えてください。回答は表形式にしてください。

Free Research Preview. ChatGPT may produce inaccurate information about people, places,

次にExcelに切り替えてください。画面8の状態の表をゼロから作成してもよいのですが、本書ダウンロードファイル（5ページ参照）の「ブック2-3.xlsx」に用意しておきました。同ブック（ファイル）を開き、都市名のリストのセル範囲であるA2～A8セルを選択し、［ホーム］タブの［コピー］をクリックするなどして、クリップボードにコピーしてください（画面11）。

画面11　都市名のリストをコピー

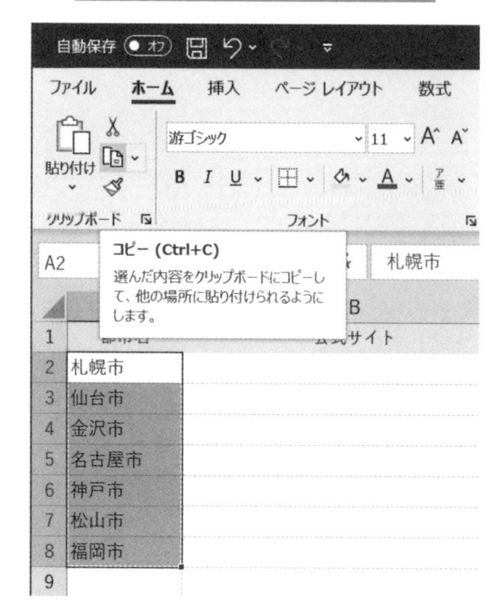

Excelから都市名のリストをコピーできたら、Webブラウザーに切り替え、再びChatGPTに戻ってください。そして、先ほど画面10で改行した先に、都市名のリストを貼り付けてください（画面12）。A2～A8セルの都市名が画面12のように、各セルのデータが縦方向に並んだかたちで貼り付けられます。このように、Excelで複数行にわたるセルのデータをChatGPTにコピペすると、各データが複数行に渡って貼り付けられます。

画面12　A2～A8セルのデータが貼り付けられた

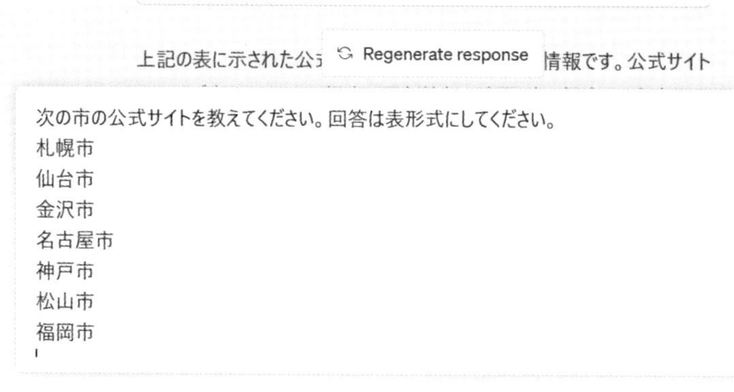

都市名のリストを貼り付けられたら、プロンプトはこれで完成です。Enterキーを押すなどして、送信してください。すると画面13のように、リストにある都市の公式サイトURLが回答されます。

画面13　表からコピペした都市名の公式サイトURLが得られた

以下は、各市の公式サイトを表形式でまとめたものです。

都市名	公式サイト
札幌市	https://www.city.sapporo.jp/
仙台市	https://www.city.sendai.jp/
金沢市	https://www4.city.kanazawa.lg.jp/
名古屋市	https://www.city.nagoya.jp/
神戸市	https://www.city.kobe.lg.jp/
松山市	https://www.city.matsuyama.ehime.jp/
福岡市	https://www.city.fukuoka.lg.jp/

上記の公式サイトのURLは、2021年の情報です。公式サイトのURLが変更されている場合や最新情報を確認したい場合は、各市の公式ウェブサイトをご確認ください。

Regenerate response

あとは回答に得られた各都市の公式サイトURLを、43ページの画面1の方法などでExcelの表のB2～B8セルにコピペして、表を完成させてください（画面14）。

画面14　得られた公式サイトURLを表にコピペ

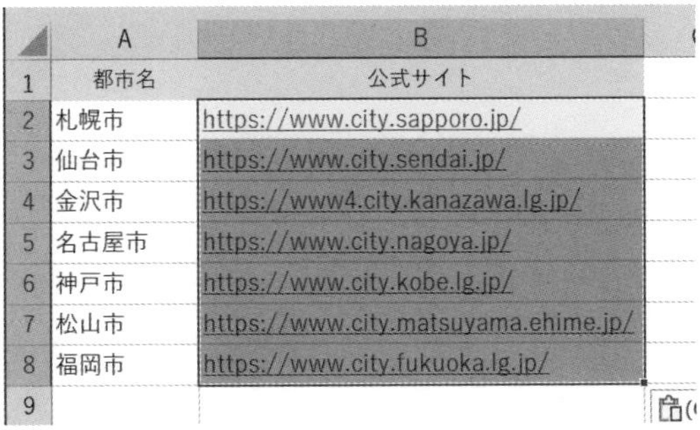

	A	B
1	都市名	公式サイト
2	札幌市	https://www.city.sapporo.jp/
3	仙台市	https://www.city.sendai.jp/
4	金沢市	https://www4.city.kanazawa.lg.jp/
5	名古屋市	https://www.city.nagoya.jp/
6	神戸市	https://www.city.kobe.lg.jp/
7	松山市	https://www.city.matsuyama.ehime.jp/
8	福岡市	https://www.city.fukuoka.lg.jp/
9		

もちろん、回答のURLはそれぞれの都市の公式サイトをちゃんと開けるか、事実確認は忘れずに行いましょう。

また、プロンプトの「次の市の公式サイトを教えてください。回答は表形式にしてください。」は、あくまでも一例です。他の言い回しで意味が適切なら、目的の結果が得られます。いろいろ試行錯誤するのもよいでしょう。

また、プロンプトの「～回答は表形式にしてください。」の直後は改行しなくても、問題ない場合もありますが、改行しておくと確実です。一方、各都市名の間の改行は、それがないと区切りが判別できないので原則必要です。

そういった意味では、区切りさえ明確化できれば、改行でなくても構いません。例えば、改行の代わりにスペースで区切っても、意図通りの回答が得られます。なお、市名の「～市」のように規則性があるなど、データによっては区切りがなくても、ChatGPT側で適切に解釈し、意図通りの回答が得られる場合もあります。

以上がスタイル1「Web版とExcelを行き来して利用」の基本的な方法です。手動のコピペという原始的な手段ではありますが、Webブラウザー上のChatGPTとExcelを行き来し、データをやり取りしながら、目的の情報をChatGPTで取得し、Excelの表にまとめました。他にもビジネスのさまざまなシーンで活用できるでしょう。その例を次節以降も順次紹介していきます。

Chapter02

ChatGPT × Excelは他にもいろいろできる！

ChatGPTでふりがなを生成

前節では、ChatGPT × Excelのビジネス活用の一端に触れ、可能性を感じられたのではないでしょうか。本節では、ChatGPT × Excelのスタイル1でのその他の活用例を3つ紹介します。それぞれ用いるExcelの表は本書ダウンロードファイルの2-4.xlsxに用意してあります。3つの活用例の表が3枚のワークシートにそれぞれ用意してあります。

活用例1：ふりがなを生成

Excelでは、ユーザーがキーボードから文字を打ち込んで、日本語のデータをセルに入力すると、そのふりがなも自動で保持されます。そのふりがなは［ホーム］タブの［ふりがなの表示／非表示］やPHONETIC関数で表示できます。

しかし、他のテキストファイルなどからコピペしたり、CSVファイルから読み込んだりしたデータには、ふりがなは保持されていません。あくまでもユーザーが手入力した場合のみ保持されます。

その場合、ChatGPTを使えば、セルのデータからふりがなを取得できます。

例として、画面1のような表があるとします。A2～A6セルには、ビジネスイベントなどで使われる大型施設の名前が入力してあります。これらのデータはWebページなどからコピペで入力したものであり、ふりがなを保持していません。そこで、ChatGPTを使ってふりがなを取得し、B2～B6セルに入力したいとします。

画面1　施設名のふりがなをこれから取得

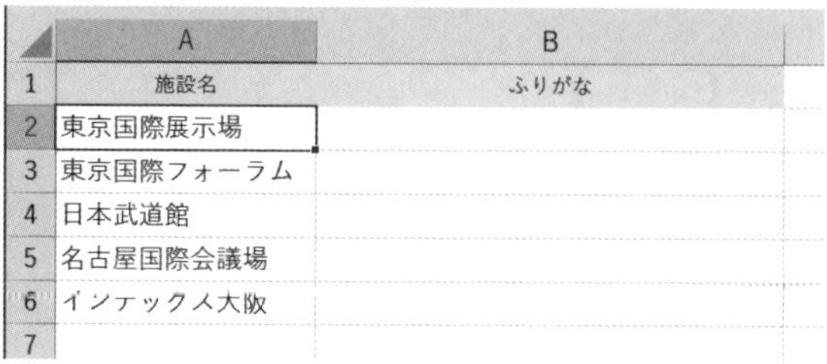

	A	B
1	施設名	ふりがな
2	東京国際展示場	
3	東京国際フォーラム	
4	日本武道館	
5	名古屋国際会議場	
6	インテックス大阪	
7		

ChatGPTに送るプロンプトは、まずは以下を入力します。

次の施設名にふりがなをふってください。回答は表形式にしてください。

そして、Shift + Enter キーで改行したのち、Excelで施設名が入っているA2～A6セルをコピペします。最終的にプロンプトは以下になります。

次の施設名にふりがなをふってください。回答は表形式にしてください。
東京国際展示場
東京国際フォーラム
日本武道館
名古屋国際会議場
インテックス大阪

プロンプトを入力できたら、Enter キーを押すなどして送信してください。すると、画面2のように、ふりがなが生成され、表形式で回答されます。

画面2　ふりがなが表形式で得られた

TA　次の施設名にふりがなをふってください。回答は表形式にしてください。
東京国際展示場
東京国際フォーラム
日本武道館
名古屋国際会議場
インテックス大阪

施設名	ふりがな
東京国際展示場	とうきょうこくさいてんじじょう
東京国際フォーラム	とうきょうこくさいふぉーらむ
日本武道館	にほんぶどうかん
名古屋国際会議場	なごやこくさいかいぎじょう
インテックス大阪	いんてっくすおおさか

あとは、生成されたふりがなをExcelの表のB2～B6セルにコピペすれば終わりです（画面3）。

画面3　ChatGPTで得たふりがなを表にコピペ

	A	B
1	施設名	ふりがな
2	東京国際展示場	とうきょうこくさいてんじじょう
3	東京国際フォーラム	とうきょうこくさいふぉーらむ
4	日本武道館	にほんぶどうかん
5	名古屋国際会議場	なごやこくさいかいぎじょう
6	インテックス大阪	いんてっくすおおさか

生成されたふりがなには誤っている場合もあるので、人間によるチェックは忘れずに行いましょう。

この活用例は他に、氏名からふりがなを生成するなども可能です。ただし、機密情報や個人情報に該当するデータを含むプロンプトの送信には、細心の注意を払ってください。

住所を分割してみよう

活用例2：住所を分割

2つ目の活用例は住所の分割です。1つのセルに入力されている住所を都道府県、市区町村、町域、建物に分割し、それぞれ別のセルに入力します。町域とは市区町村以降の住所になります。これら4つに分割する方法は、郵便番号などで用いられている一般的な方法です。

このような住所の分割はExcelの機能だけでもできないことはないのですが、関数にせよVBAにせよ相当複雑な手順になります。一方、ChatGPTなら、簡単なプロンプトひとつで済みます。

ここでは例に、画面4の表の住所を用いるとします。A2～A7セルに住所が入力してあります。ChatGPTで分割した住所は、都道府県を同じ行のB列、市区町村をC列、町域をD列、建物をE列に入力するとします。

なお、画面4の例の住所は、各都道府県の県庁舎の住所に、一部架空の建物を加えたものです。

画面4　これらの住所をChatGPTで分割

	A	B	C	D	E
1	住所	都道府県	市区町村	町域	建物
2	北海道札幌市中央区北3条西6丁目				
3	宮城県仙台市青葉区本町３丁目８－１				
4	東京都新宿区西新宿２-８-１ 立山ビル3F				
5	愛知県名古屋市中区三の丸3丁目1 - 2				
6	大阪府大阪市中央区大手前２-10-5				
7	福岡県福岡市博多区東公園7の7 博多スクエア15階				
8					

プロンプトは今回、「次の住所を分割して、表にまとめてください。」を入力し、その下の行に住所をExcelのA2～A7セルからコピペしました。最終的なプロンプトは以下になります。

次の住所を分割して、表にまとめてください。
北海道札幌市中央区北3条西6丁目
宮城県仙台市青葉区本町３丁目８-１
東京都新宿区西新宿２-８-１ 立山ビル3F

```
愛知県名古屋市中区三の丸3丁目1 - 2
大阪府大阪市中央区大手前2 -10-5
福岡県福岡市博多区東公園7の7 博多スクエア15階
```

　このプロンプトを送信して得られた回答が画面5です。表形式であり、1列目が元の住所、2列目が都道府県、3列目が市区町村、3列目が町域、4列目が建物となっています。列名は自動で付けられたものであり、4列目は「建物名/階数」になっています。建物がない住所では、4列目は「-」となっています。また、1列目の住所では、プロンプトにコピペした元のデータから、建物が削除されてしまいました。この削除などの加工処理はChatGPT側の判断になります。

画面5　ChatGPTで住所を分割した結果

TA
次の住所を分割して、表にまとめてください。
北海道札幌市中央区北3条西6丁目
宮城県仙台市青葉区本町３丁目８−１
東京都新宿区西新宿２-８-１ 立山ビル3F
愛知県名古屋市中区三の丸3丁目1-2
大阪府大阪市中央区大手前２-10-5
福岡県福岡市博多区東公園7の7 博多スクエア15階

住所	都道府県	市区町村	町域	建物名/階数
北海道札幌市中央区北3条西6丁目	北海道	札幌市中央区	北3条西6丁目	-
宮城県仙台市青葉区本町３丁目８−１	宮城県	仙台市青葉区	本町３丁目８−１	-
東京都新宿区西新宿２-８-１	東京都	新宿区	西新宿２-８-１	立山ビル3F
愛知県名古屋市中区三の丸3丁目1-2	愛知県	名古屋市中区	三の丸3丁目1-2	-
大阪府大阪市中央区大手前２-10-5	大阪府	大阪市中央区	大手前２-10-5	-
福岡県福岡市博多区東公園7の7	福岡県	福岡市博多区	東公園7の7	博多スクエア15階

Regenerate response

あとは分割された住所をExcelの表のB2～E7セルにコピペします（画面6）。今回は建物がない住所の「-」もコピペしましたが、もちろんあとで削除しても構いません。

画面6　分割された住所でB～E列を埋めた

	A	B	C	D	E
1	住所	都道府県	市区町村	町域	建物
2	北海道札幌市中央区北3条西6丁目	北海道	札幌市中央区	北3条西6丁目	-
3	宮城県仙台市青葉区本町３丁目８－１	宮城県	仙台市青葉区	本町３丁目８－１	-
4	東京都新宿区西新宿２-８-１ 立山ビル3F	東京都	新宿区	西新宿２-８-１	立山ビル3F
5	愛知県名古屋市中区三の丸3丁目1-２	愛知県	名古屋市中区	三の丸3丁目1-２	-
6	大阪府大阪市中央区大手前２-10-5	大阪府	大阪市中央区	大手前２-10-5	-
7	福岡県福岡市博多区東公園7の7 博多スクエア15階	福岡県	福岡市博多区	東公園7の7	博多スクエア15階

この活用例は他に、氏名を姓と名に分割したり、名刺の情報を会社名と部署名、役職、氏名などに分割したりすることなども可能です。こちらも、機密情報や個人情報には注意しましょう。

レビュー文章の分析もできる

活用例３：ユーザーレビューの分析

3つ目の活用例はユーザーレビューの分析です。自社の製品やサービスに対するユーザーのレビューを、アンケートやSNS投稿などから収集して分析し、今後のマーケティングや製品企画などに活かすことはよくあります。ChatGPTはユーザーレビューの文章のちょっとした分析もできます。

こういった文章の分析はExcelには不可能であり、ChatGPTの得意とするところです。

例として、架空の家電メーカーが自社製品の扇風機に対するユーザーレビューを収集し、Excelの表にまとめたとします。ここでは画面7のとおり、6件のユーザーレビューがあり、A列にユーザー名、B列にレビューの文章が入力されているとします。このB列のレビュー文章が好意的なのか、そうでないのかをChatGPTで分析し、その結果をC列に評価として入力したいとします。

なお、このような分析は専門用語で「感情分析」（センチメント分析）と呼ばれます。この例は、ChatGPTを使った簡単な感情分析になります。

画面7　ユーザーレビューをまとめた表

	A	B	C
1	ユーザー	レビュー	評価
2	ユーザー1	新しく購入しました。風量が強くて涼しいです！夏が楽しみです。	
3	ユーザー2	デザインがシンプルでおしゃれです。ただ、少し音が大きいのが気になります。	
4	ユーザー3	風量はまずまずですが、操作が少し複雑です。使い方を覚えるのに時間がかかりました。	
5	ユーザー4	この扇風機は本当に強力です！部屋全体を涼しくしてくれます。おすすめです！	
6	ユーザー5	思っていたより音がうるさいです。全体的に作りが安っぽいです。	
7	ユーザー6	風が心地よく、静かなので快適に過ごせます。ただ、角度調整が少し固いです。	

最初に、レビュー文章の評価を「よい」「悪い」の二択で分析してみましょう。ChatGPTのプロンプトには、まずは以下を入力し、改行したのち、Excelの表のA2～B7セルのユーザー名とレビュー文章をそのままコピペします（画面8）。

以下のユーザーレビューを「よい」「悪い」のいずれかで評価してください。回答は表形式にしてください。

画面8　ユーザーレビューを「よい」「悪い」で分析

TA

以下のユーザーレビューを「よい」「悪い」のいずれかで評価してください。回答は表形式にしてください。
ユーザー1　新しく購入しました。風量が強くて涼しいです！夏が楽しみです。
ユーザー2　デザインがシンプルでおしゃれです。ただ、少し音が大きいのが気になります。
ユーザー3　風量はまずまずですが、操作が少し複雑です。使い方を覚えるのに時間がかかりました。
ユーザー4　この扇風機は本当に強力です！部屋全体を涼しくしてくれます。おすすめです！
ユーザー5　思っていたより音がうるさいです。全体的に作りが安っぽいです。
ユーザー6　風が心地よく、静かなので快適に過ごせます。ただ、角度調整が少し固いです。

このプロンプトを送信して得られた回答が画面9です。ユーザー名と評価の2列で構成された表であり、2列目に分析結果として、評価が「よい」または「悪い」で得られました。また、列見出しが自動で付けられています（後述）。

画面9　ユーザーレビューの分析結果

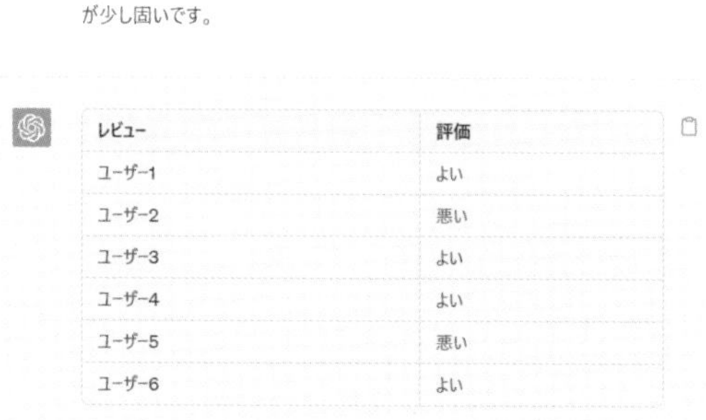

が少し固いです。

レビュー	評価
ユーザー1	よい
ユーザー2	悪い
ユーザー3	よい
ユーザー4	よい
ユーザー5	悪い
ユーザー6	よい

これらの「よい」「悪い」をExcelの表のC2～C7セルにコピペすればOKです。

次にちょっとした応用として、分析結果の表にレビュー文章も含めたいとします。その旨の要望のプロンプトを追加で送信してもよいのですが、別の方法を紹介します。プロンプトにExcelの表のデータをコピペした範囲は、先ほどはA2～B7セルでした。1行目の表の見出し（列見出し）は含まず、データ部分だけのセル範囲です。

これを表の見出しである1行目も含め、A1～B7セルをプロンプトにコピペするようにします（画面10）

画面10　表の見出し行も含めてコピー

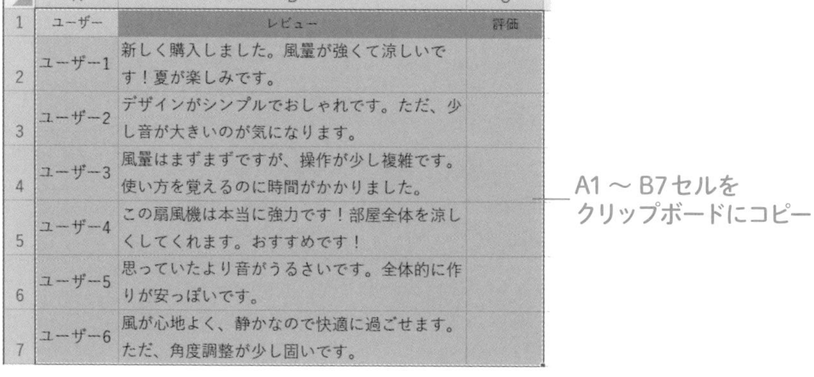

	A	B	C
1	ユーザー	レビュー	評価
2	ユーザー1	新しく購入しました。風量が強くて涼しいです！夏が楽しみです。	
3	ユーザー2	デザインがシンプルでおしゃれです。ただ、少し音が大きいのが気になります。	
4	ユーザー3	風量はまずまずですが、操作が少し複雑です。使い方を覚えるのに時間がかかりました。	
5	ユーザー4	この扇風機は本当に強力です！部屋全体を涼しくしてくれます。おすすめです！	
6	ユーザー5	思っていたより音がうるさいです。全体的に作りが安っぽいです。	
7	ユーザー6	風が心地よく、静かなので快適に過ごせます。ただ、角度調整が少し固いです。	

A1～B7セルを
クリップボードにコピー

ChatGPTのプロンプトは以下とします。先ほどは「以下のユーザーレビューを〜」でしたが、「以下の表のユーザーレビューを〜」と、「表の」という文言を追加してあります。その下の行には、先ほどコピーしたExcelの表のA1 〜 B7セルを貼り付けます(画面11)。表の見出しはC列の「評価」までコピペできているか確認しましょう。

> 以下の表のユーザーレビューを「よい」「悪い」のいずれかで評価してください。

画面11　レビュー文章と列見出しも含めた

TA

以下の表のユーザーレビューを「よい」「悪い」のいずれかで評価してください。
ユーザー　レビュー　評価 ── 表の見出し
ユーザー1　新しく購入しました。風量が強くて涼しいです！夏が楽しみです。
ユーザー2　デザインがシンプルでおしゃれです。ただ、少し音が大きいのが気になります。
ユーザー3　風量はまずまずですが、操作が少し複雑です。使い方を覚えるのに時間がかかりました。
ユーザー4　この扇風機は本当に強力です！部屋全体を涼しくしてくれます。おすすめです！
ユーザー5　思っていたより音がうるさいです。全体的に作りが安っぽいです。
ユーザー6　風が心地よく、静かなので快適に過ごせます。ただ、角度調整が少し固いです。

このプロンプトで得られた回答は画面12です。分析結果の表の2列目にレビュー文章も含まれるようになりました。このようにプロンプトにコピペして、ChatGPTに渡す表のデータに、見出しを含めることで、意図通りの構成の表で回答を得られます。

また、画面9をよく見ると、1列目はユーザー名のデータなのに、自動で付けられた列見出しは「レビュー」と誤っていました。その点、列見出しもプロンプトに含めると、画面12のように、正しい列見出しの表が回答として得られます。

画面12　レビュー文章も回答に含まれた

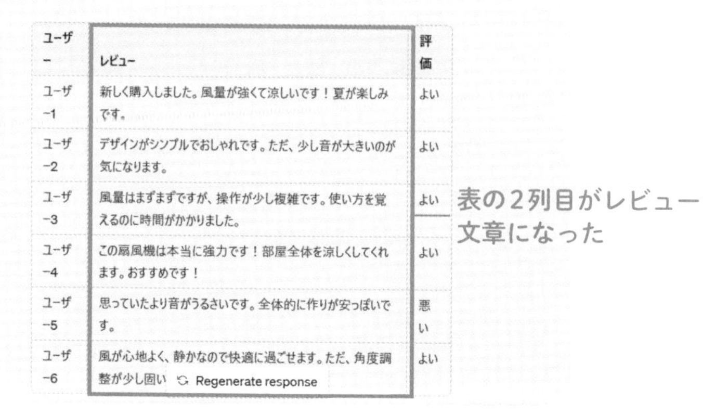
以下の表は、各ユーザーレビューを「よい」または「悪い」の評価で分類したものです。

ユーザー	レビュー	評価
ユーザ-1	新しく購入しました。風量が強くて涼しいです！夏が楽しみです。	よい
ユーザ-2	デザインがシンプルでおしゃれです。ただ、少し音が大きいのが気になります。	よい
ユーザ-3	風量はまずまずですが、操作が少し複雑です。使い方を覚えるのに時間がかかりました。	よい
ユーザ-4	この扇風機は本当に強力です！部屋全体を涼しくしてくれます。おすすめです！	よい
ユーザ-5	思っていたより音がうるさいです。全体的に作りが安っぽいです。	悪い
ユーザ-6	風が心地よく、静かなので快適に過ごせます。ただ、角度調整が少し固い	よい

また、評価を「よい」「悪い」の2択ではなく、5段階評価に変更したければ、次のプロンプトを送信します。前の内容を踏まえるので、Excelの表の貼り付けは不要です。得られた回答が画面13です。それぞれのレビュー文章の内容から、5段階評価が付けられました。

評価は5段階に変更してください。最も良い評価を5としてください。

画面13　5段階で評価した回答

以下の表は、各ユーザーレビューを5段階評価で分類したものです。最も良い評価を5とし、最も悪い評価を1としました。

ユーザー	レビュー	評価
ユーザー1	新しく購入しました。風量が強くて涼しいです！夏が楽しみです。	5
ユーザー2	デザインがシンプルでおしゃれです。ただ、少し音が大きいのが気になります。	4
ユーザー3	風量はまずまずですが、操作が少し複雑です。使い方を覚えるのに時間がかかりました。	3
ユーザー4	この扇風機は本当に強力です！部屋全体を涼しくしてくれます。おすすめです！	5
ユーザー5	思っていたより音がうるさいです。全体的に作りが安っぽいです。	2
ユーザー6	風が心地よく、静かなので快適に過ごせます。ただ、角度調整が少し固いです。	4

Regenerate response

このようにChatGPTで得た5段階の評価を、元のExcel表にコピペしましょう。

 レビュー文章からよい言葉と悪い言葉を抽出

さらに、レビュー文章の中から、ポジティブな言葉（よい評価を意味する言葉）とネガティブな言葉（悪い評価を意味する言葉）を抽出したいとします。

筆者環境では、単に「ポジティブな言葉とネガティブな言葉を抽出してください。」といったプロンプトを追加で送信しても、うまく抽出できなかったり、回答が表形式にならなかったりしたため、改めてレビュー文章の表を送信するようにしました。まずは以下をプロンプトに入力します。

> 以下の表のユーザーレビューからポジティブな言葉とネガティブな言葉を抽出してください。

そして改行したのち、Excelの表のA2 ～ B7セル（見出し行は除いたセル範囲）をコピペした上で送信します（画面14）。

画面14　よい／悪い言葉を抽出するプロンプト

TA

以下の表のユーザーレビューからポジティブな言葉とネガティブな言葉を抽出してください。
ユーザー1　新しく購入しました。風量が強くて涼しいです！夏が楽しみです。
ユーザー2　デザインがシンプルでおしゃれです。ただ、少し音が大きいのが気になります。
ユーザー3　風量はまずまずですが、操作が少し複雑です。使い方を覚えるのに時間がかかりました。
ユーザー4　この扇風機は本当に強力です！部屋全体を涼しくしてくれます。おすすめです！
ユーザー5　思っていたより音がうるさいです。全体的に作りが安っぽいです。
ユーザー6　風が心地よく、静かなので快適に過ごせます。ただ、角度調整が少し固いです。

すると、画面15のような回答が得られました。表の3列目にポジティブな言葉、4列目にネガティブな言葉が抽出されています。

画面15　抽出結果が表形式で得られた

以下は、ユーザーレビューから抽出したポジティブな言葉とネガティブな言葉の表です。

ユーザー	レビュー	ポジティブな言葉	ネガティブな言葉
ユーザー1	新しく購入しました。風量が強くて涼しいです！夏が楽しみです。	強力	
ユーザー2	デザインがシンプルでおしゃれです。ただ、少し音が大きいのが気になります。	おしゃれ	音が大きい
ユーザー3	風量はまずまずですが、操作が少し複雑です。使い方を覚えるのに時間がかかりました。		複雑
ユーザー4	この扇風機は本当に強力です！部屋全体を涼しくしてくれます。おすすめです！	強力	
ユーザー5	思っていたより音がうるさいです。全体的に作りが安っぽいです。		音がうるさい
ユーザー6	風が心地よく、静かなので快適に過ごせます。ただ、角度調整が少し固いです。	心地よい	角度調整が固い

1つ目のレビュー文章から抽出されたポジティブな言葉が「強力」と、元の文章にない言葉であるなど、精度が今一つの面があるものの、このような抽出までもChatGPTでできるのです。

また、あえて表の列見出しを含まないA2 ～ B7セルをプロンプトにコピペし、列見出しを指定しなかったことで、回答の表には「ポジティブな言葉」と「ネガティブな言葉」という列が自動で生成されました。このように列見出しを含める／含めないによって、回答の体裁をコントロールすることもできます。

他にもさまざまなビジネス活用が考えられる！

ChatGPT × Excelのスタイル1での3つの活用例は以上です。他にも以下のような活用も考えられます。いろいろなアイディアを試してみましょう。

- **キャッチコピーやFAQなどの案を表にまとめる（画面16 ～ 17）**
- **文書を要約して表にまとめる**
- **住所などリストの表記を統一**
- **表の外国語版を作成**
- **グラフなどデータに適したExcelの分析方法を調べる**
- **目的に応じたExcelの数式やVBAのコードを調べる**

画面16　キャッチコピー案をChatGPTで取得

TA　大人向けアイスクリームのキャッチコピー案を10個考えてください。表形式にしてください。

キャッチコピー案
極上の大人の味わい、贅沢なアイスクリーム
大人のための至福の一口、濃厚クリーミー
大人の舌を魅了する、上品なアイスクリーム体験
深みと奥行き、大人のためのアートなアイスクリーム
上質な素材と繊細な味わい、大人のための至福
大人のための贅沢な時間、味覚の旅へ誘います
洗練された味わい、心地よい余韻が広がるアイスクリーム
大人のゴージャスな極上スイーツ、舌禍に酔いしれて
大人のための秘密のご褒美、至福のアイスクリーム
深い満足感と贅沢な口溶け、大人のための至高の味わい

画面17　得たキャッチコピー案をExcelの表にまとめた

	A	B
1	キャッチコピー案	
2	極上の大人の味わい、贅沢なアイスクリーム	
3	大人のための至福の一口、濃厚クリーミー	
4	大人の舌を魅了する、上品なアイスクリーム体験	
5	深みと奥行き、大人のためのアートなアイスクリーム	
6	上質な素材と繊細な味わい、大人のための至福	
7	大人のための贅沢な時間、味覚の旅へ誘います	
8	洗練された味わい、心地よい余韻が広がるアイスクリーム	
9	大人のゴージャスな極上スイーツ、舌禍に酔いしれて	
10	大人のための秘密のご褒美、至福のアイスクリーム	
11	深い満足感と贅沢な口溶け、大人のための至高の味わい	
12		

ChatGPT関数を使おう

Chapter03

ChatGPTがExcelの関数で使える！

ChatGPT関数はExcelのアドイン

本章では、ChatGPT関数の導入手順、および基本的な使い方を解説します。

ChatGPT関数とはChapter01 02で紹介したとおり、ChatGPT用のExcel関数であり、本書独自の呼び方です。ChatGPTはWeb版に加え、Excelの関数としても利用できるのです。Chapter01 02（18ページ）で解説したスタイル2に該当し、Webブラウザーと Excelを行き来することなく、Excel上だけで完結できる利用スタイルです（画面1）。

画面1　ExcelでChatGPT関数を使った例

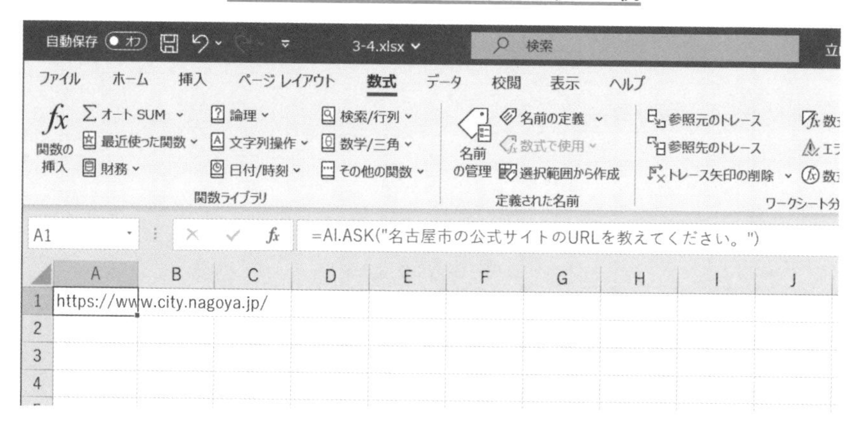

ChatGPT関数はChapter01 02で触れたように、アドインとして提供されます。ChatGPT関数のアドインは複数種類提供されています。本書では、それらの中から「ChatGPT for Excel」と「Excel Labs」を用いるとします。両者の大まかな違いは表1のとおりです。

表1　ChatGPT for ExcelとExcel Labsの比較

アドイン	開発元	ChatGPT関数の種類	対応環境
ChatGPT for Excel	APPS DO WONDERS	6種類	Microsoft 365版とWeb版
Excel Labs	Microsoft	1種類	Microsoft 365版とパッケージ版

以下、表1を補足します。

開発元

ChatGPT for Excelの開発元は、APPS DO WONDERS（https://appsdowonders.com/）というスタートアップ企業です。Excel Labsの開発元はMicrosoftです。

ChatGPT関数の種類

ChatGPT for Excelには6種類、Excel Labsには1種類のChatGPT関数が用意されています。具体的な関数名と機能概要は以下です（表2、3）。機能の詳細や使い方は、Chapter03 04以降で詳しく解説します。

表2　ChatGPT for Excelの6つのChatGPT関数

関数名	機能概要
AI.ASK	質問に対する回答を取得
AI.LIST	リスト形式の回答を別々の行のセルに取得
AI.FILL	入力済みデータから予測して入力
AI.FORMAT	テキストを指定した形式に変換
AI.EXTRACT	特定のタイプのデータを抽出
AI.TRANSLATE	指定した言語に翻訳

表3　Excel LabsのChatGPT関数

関数名	機能概要
LABS.GENERATIVEAI	質問に対する回答を取得

なお、Excel LabsはChatGPT関数以外にも、いくつかの先進的なExcelの機能が使えます。

対応環境

ChatGPT for Excelで注意が必要なのが、Microsoft 365版（旧Office 365版）のExcel、もしくはWeb版のExcelである「Excel for the web」しか対応していないことです。Excel 2021やExcel 2019といったパッケージ版のExcelには、残念ながら対応していません。

一方、Excel LabsはMicrosoft 365版にもパッケージ版Excelにも対応しています。ただし、本書執筆時点で筆者が動作確認できているバージョンはExcel 2021のみです。

以上を踏まえ、お手持ちのExcelの種類などに応じて、利用するアドインを選んでください。Microsoft 365版Excelユーザーなら、使用するアドインはChatGPT for ExcelとExcel Labsのどちらでも構いません。筆者個人としては、関数の種類の多さから、ChatGPT for Excelをオススメします。一方、パッケージ版Excelユーザーなら、ChatGPT for Excelは非対応なので、Excel Labsを選んでください。

もし、お使いのExcelがMicrosoft 365版なのかパッケージ版なのかわからなければ、次の手順で確認できます。

画面左上の［ファイル］タブをクリックして「ホーム」画面を開き、［その他］→［アカウント］をクリックします（画面2）。画面サイズによっては、「ホーム」画面で［その他］を経由することなく［アカウント］をクリックできます。

画面2　「ホーム」画面の［アカウント］をクリック

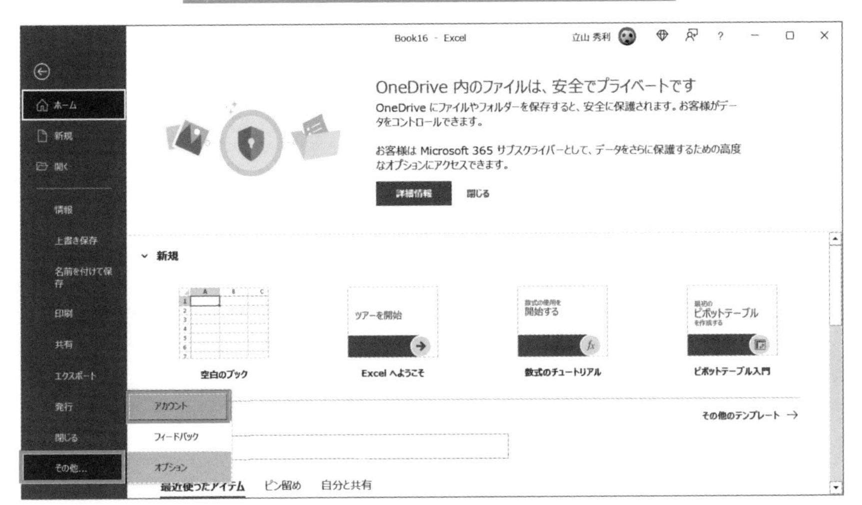

すると、「アカウント」画面が開き、Microsoft 365版なら画面3、パッケージ版なら画面4のように表示されます。

画面3　Microsoft 365版Excelの例

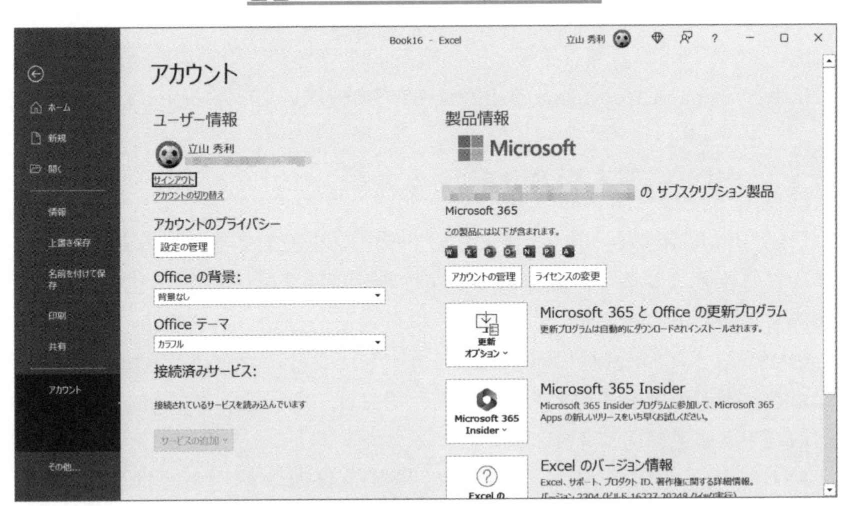

画面4　パッケージ版Excelの例（Excel 2021）

なお、パッケージ版Excelのユーザーで、ChatGPT for Excelの関数をどうしても使いたければ、Excel for the webを利用してください。Microsoftアカウントがあれば、無料で利用できます。下記URLの［無料でExcelの使用を開始する］から利用できます。本書では、解説は割愛します。

【URL】

https://www.microsoft.com/ja-jp/microsoft-365/free-office-online-for-the-web

アドインに加えて「APIキー」も必要

ChatGPT関数を使うには、Excelにアドインを追加する作業などの準備が事前に必要となります。具体的な手順は次節以降で解説しますが、ここで全体像を解説しておきます。ポイントとなるのが「APIキー」です。

ChatGPT for ExcelもExcel Labsも、アドイン自体は無料で追加できます。ただし、両者のアドインとも利用するためには、ChatGPTの「APIキー」を別途取得する必要があります。

APIキーとは「sk-」から始まる50文字弱の文字列です。OpenAIがユーザーごとに発行するものであり、文字通り“鍵”となる文字列です。誤解を恐れずに言えば、パスワードみたいな位置づけのもの、という理解でも構いません。また、この時点では、APIキーとは何なのかわかっていなくとも、「とにかくAPIキーというものが必要なんだ」とさえ認識できていればOKです。

APIキーは、Chapter02 01で作成したChatGPTのアカウントがあれば、OpenAIのWebサイトにて、すぐに無料で取得できます。ただし、取得しただけでは不十分であり、アドインに設定する必要があります。これでようやく、アドインのChatGPT関数が利用可能になるのです（図1）。APIキーの取得方法は次節で改めて解説します。アドインに設定する方法もその後の節にて順次解説します。

そして、注意してほしいのが、APIキー自体は無料で取得できますが、ChatGPT関数の使用量がある程度に達すると、利用できなくなることです。引き続き利用するには、使用料を支払う必要があり、そのための申込手続きをしなければなりません。支払い手続きの方法は次節末コラムで簡単に紹介します。

言い換えると、無料枠があり、それを超えると料金支払いが必須となる体系になっています。加えて、APIキーには有効期限もあり、それを過ぎると使えなくなり、以降は料金支払いが必要です。使用量や有効期限の確認方法も次節で解説します。

図1　ExcelとChatGPT関数、APIキーの関係

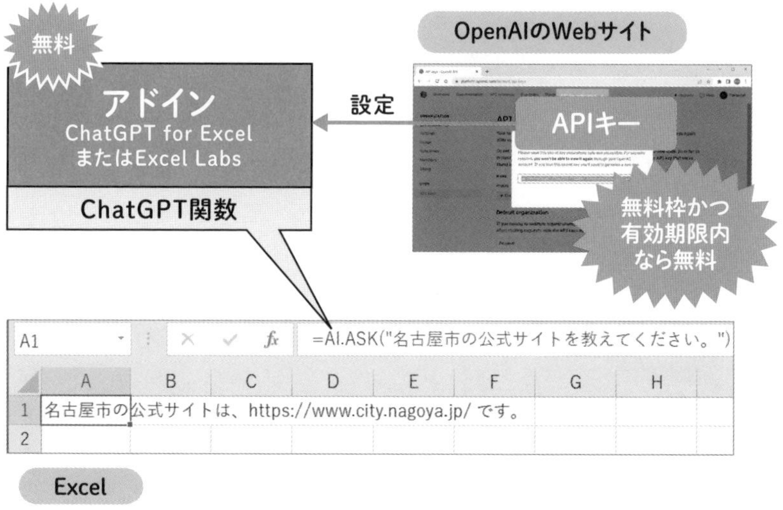

ChatGPT関数の準備の大きな流れ

本節までに解説してきたChatGPT関数の準備の内容をまとめると、大きく分けて以下の3つのステップに分けられます。

【STEP1】ChatGPTのAPIキーを取得
【STEP2】ChatGPT関数のアドインをExcelに追加
【STEP3】アドインにAPIキーを設定

【STEP1】の具体的な手順は次節（Chapter02 02）で解説します。この【STEP1】は、ChatGPT for ExcelとExcel Labsの両者のアドインで共通して必要な準備です。

その次の【STEP2】と【STEP3】の手順は、アドインごとに解説先が分かれます。ChatGPT for ExcelはChapter03 03、Excel LabsはChapter03 08で解説します。

それぞれのアドインの各関数の使い方は、ChatGPT for ExcelはChapter03 04～Chapter03 07、Excel LabsはChapter03 08で解説します。Excel Labsの関数は【STEP2】等と同じ節でまとめて解説します。

Chapter03

ChatGPTのAPIキーを取得しよう

OpenAIのWebページからAPIキーを取得

本節では、ChatGPT関数の準備として、【STEP1】「ChatGPTのAPIキーを取得」の方法を解説します。手順は次の通りです。

Webブラウザーにて、OpenAIのAPIキーのWebページにアクセスします。URLは以下です。もしログインを求められたら、Chapter02 01で作成したアカウントのメールアドレスとパスワードなどでログインしてください。

【URL】

https://platform.openai.com/account/api-keys

画面1のWebページが開きます。①［+ Create new secret key］をクリックしてください。

画面1　APIキーを取得するOpenAIのWebページ

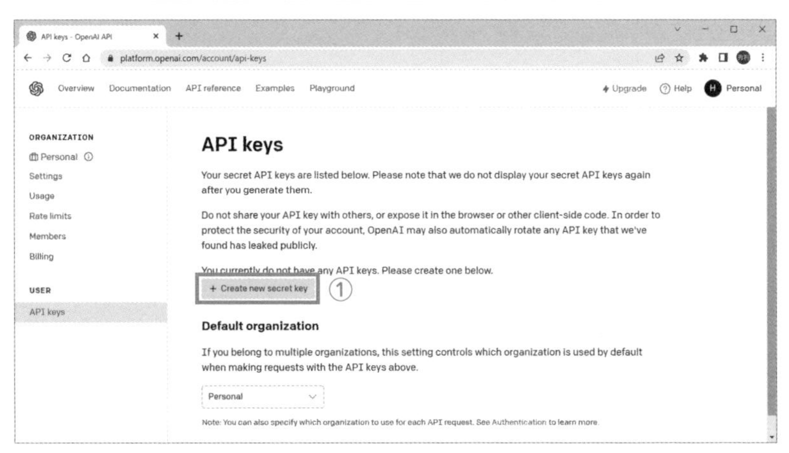

「Create new secret key」ボックスが開きます（画面2）。②「Name」にAPIキーの名前を入力してください。管理用の名前であり、任意の名前を付けられます。ここでは例として、「myKey」としました。また、あとから自由に変更できます。

APIキーの名前を入力したら、③［Create secret key］をクリックしてください。

画面2　APIキーの名前を入力

これでAPIキーが発行されました（画面3）。画面3ではモザイクをかけています。

画面3　APIキーが発行された

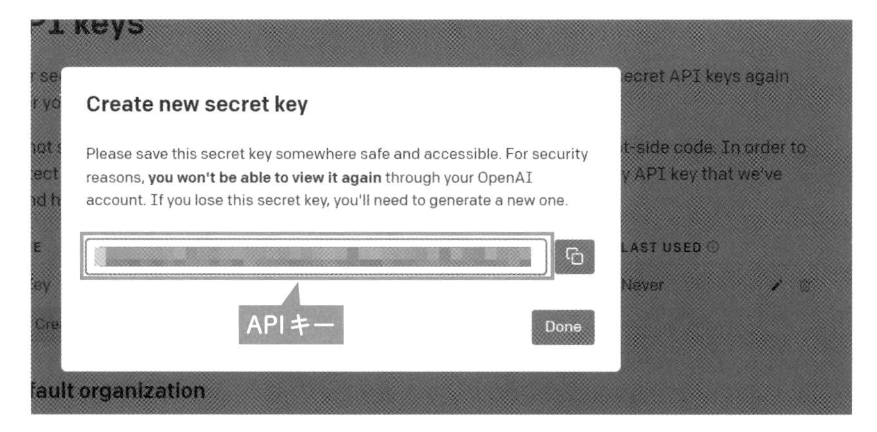

ここで大切なのが、このAPIキーを控えておくことです。なぜなら、このAPIキーは以降、二度と表示できないようになっているからです。必ず控え、保管しておきましょう。

APIキーの保管方法は例えば、コピーして「メモ帳」のテキストファイルに貼り付けるなどが考えられます。APIキーのボックス横のボタン④をクリックすると、クリップボードにコピーできます（画面4）。コピーした際は画面上部に「API key copied!」と表示されます。

画面4　APIキーをコピーして保管

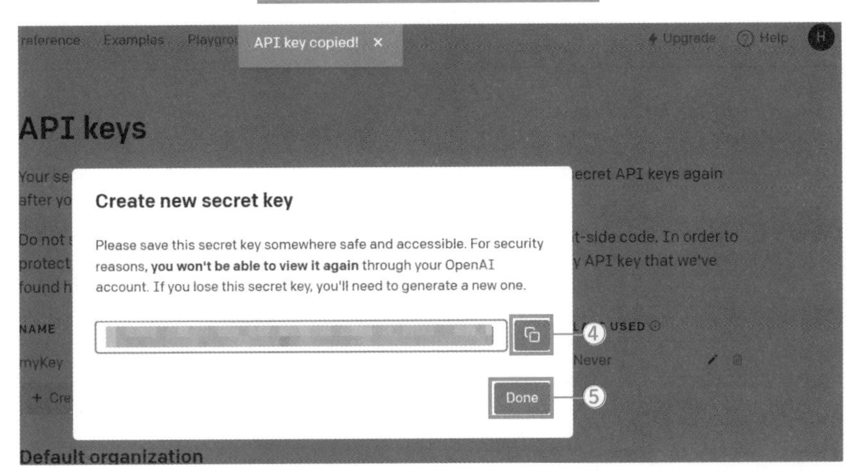

あとはテキストファイルなどに貼り付けて保管してください。確実に保管できたことを確認したら、⑤［Done］をクリックして閉じてください。

APIキーは無料枠と有効期限に注意！

ChatGPT関数の準備の【STEP1】「ChatGPTのAPIキーを取得」は以上です。このあとは取得したAPIキーを使い、【STEP2】と【STEP3】でアドインに設定するのですが、その前に、前節で述べた無料枠と有効期限の確認方法を解説しておきます。

APIキーは無料枠と有効期限は、以下URLの「Usage」のWebページで確認できます。画面1の左メニューの［Usage］をクリックしても開くことができます。

【URL】
https://platform.openai.com/account/usage

Usageの画面の例が画面5です。日毎にいくらぶん利用したのかを示す棒グラフが表示されます。

画面5　APIキーの日毎の使用料のグラフ

スクロールすると、グラフの下には画面6のように、「Free trial usage」というバーがあります。

画面6　無料枠の残りを示すバー

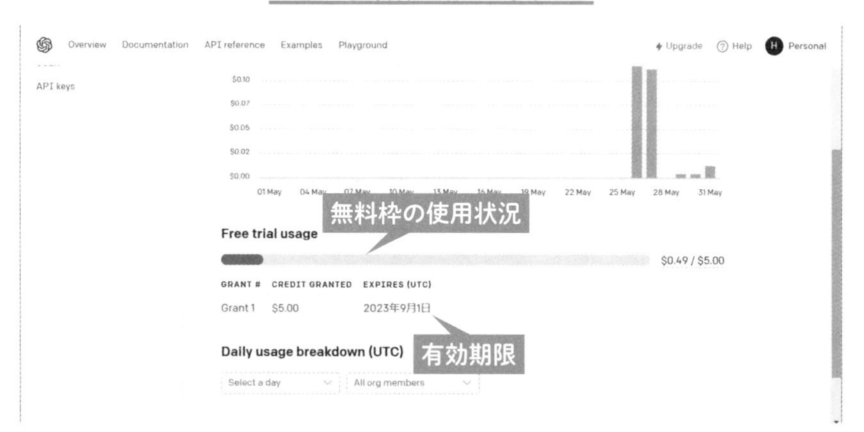

このバーは無料枠を今どのぐらいまで使ったのかを表しています。バーの右側には「使用した金額/無料枠の金額」の形式で、数字でも表しています。画面6の場合なら、無料枠は5ドルであり、現在0.24ドルまで使ったことがわかります。

そして、その下の「EXPIRES (UTC)」に有効期限が表示されています。画面6の場合なら、有効期限は2023年9月1日とわかります。

また、発行したAPIキーの名前や発行日などは、画面左メニューの[API keys]を開くと、一覧にて確認できます(画面7)。

画面7　APIキーの名前や発行日

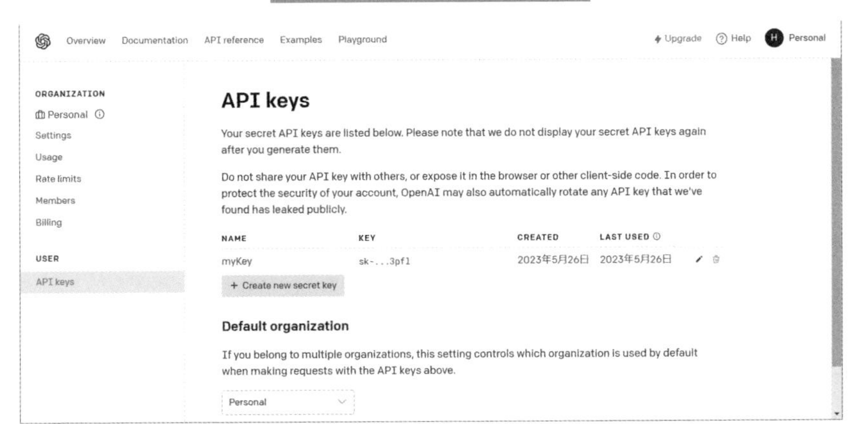

このWebページは先ほどAPIキーを新規発行したページです。一度発行すると、発行済みのAPIキーの名前などが一覧表示され、管理できます。たとえばAPIキーの右側の鉛筆アイコンをクリックすると、APIキーの名前を変更できます。残念ながら、発行済みのAPIキー自体(「sk-」で始まる文字列)を再び表示することはできません。

また、APIキーの再表示は不可能ですが、新たに発行することは可能です。もし保管し忘れたら、画面7の[+ Create new secret key]をクリックして新規発行して使ってください。

\Column/

ChatGPT関数でもAPIを使うの？

APIキーの「API」とは、Chapter01 02で少し解説したAPIのことです。先述のとおり、サービスを外部のプログラムから利用するための仕組みです。

ChatGPT for ExcelやExcel Labsといったアドインは内部で、ChatGPTのAPIを使用しています。APIキーはAPIを使うために必要な"鍵"であり、ChatGPTのアドインを使う際に必要となるのです。

\Column/

もし、APIの無料枠や有効期限を超えたら？

もし、無料枠や有効期限を超えてしまったら、支払いの手続きをすれば、アドインおよびChatGPT関数を引き続き利用できます。申し込みは、画面5などの左側のメニューの［Billing］をクリックして画面を切り替え、［Set up paid account］から画面の指示に従って手続きします。

料金は従量課金制であり、詳細は以下のOpenAIのWebページに載っています。

【URL】

https://openai.com/pricing

1000トークン（英語なら約750単語）で0.02～0.03ドルなど、そこそこ安価であり、自動で制限をかける仕組みも提供されています。

また、このAPIの有料利用は、Chapter02 01節末コラムで紹介した有料プラン「ChatGPT Plus」とは別の制度です（APIは従量課金制、ChatGPT Plusは月額制）。ChatGPT Plusに加入していようがいまいが、無料枠や有効期限を超えてAPIを使うには支払い手続きが必要です。

API経由だと学習に使われない

Chapter02でWeb版ChatGPTを利用した際、送信したプロンプトはOpenAI側で学習に使われるので、個人情報など重要なデータは送らないよう注意と述べました。APIでChatGPTを利用する場合、プロンプトは学習には使われません。したがって、ChatGPT関数でも学習には使われません。とはいえ、重要なデータは送らないようにしたいものです。

APIキーを取得したらアドインを準備

本節でChatGPTのAPIキーを取得し、無事保管できたら、次はアドインの準備として下記の【STEP2】と【STEP3】に取り掛かります。

【STEP2】ChatGPT関数のアドインをExcelに追加
【STEP3】アドインにAPIキーを設定

【STEP2】と【STEP3】の解説先は、読者のみなさんが使用するアドインに応じて変わります。前節末でも提示しましたが、解説先は以下になります。

ChatGPT for Excel　⇒　Chapter03 03を参照してください
Excel Labs　⇒　Chapter03 08を参照してください

お使いのアドインにあわせて、それぞれの節へお進みください。パッケージ版Excel 2021ユーザーなら、先述のとおりChatGPT for Excelは非対応なので、Excel LabsのChapter03 08にお進みください。それぞれのアドインの各関数の使い方も、上記の節に続けて解説します。

また、いずれのアドインを使うにせよ、必ずインターネットに接続した状態で利用してください。ChatGPTのAPIはインターネット経由で利用するようになっているからです。

Chapter03

ChatGPT for ExcelのChatGPT関数を準備しよう

ChatGPT for Excelのアドインを追加

本節では、ChatGPT for ExcelのChatGPT関数を準備する手順をとして、以下の2ステップを解説します。

【STEP2】ChatGPT関数のアドインをExcelに追加
【STEP3】アドインにAPIキーを設定

まずは【STEP2】として、ChatGPT for ExcelのアドインをExcelに追加します。

Excelを起動して、①［挿入］タブの②［アドインを入手］をクリックしてください（画面1）。

画面1　Excelのアドインを追加

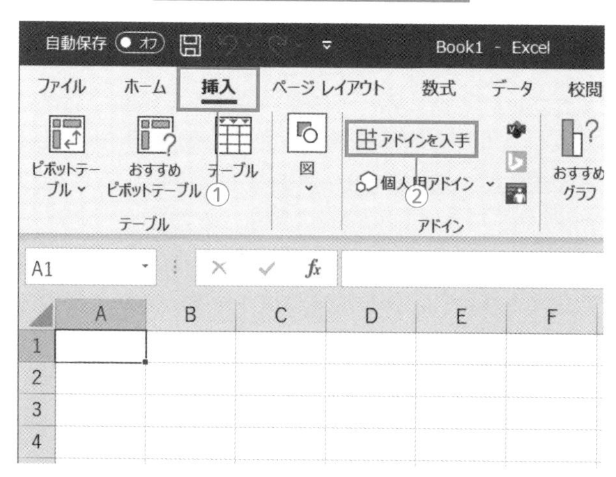

「Officeアドイン」画面が開きます（画面2）。③検索ボックスに「ChatGPT」と入力して、④［検索］（虫眼鏡アイコン）をクリックしてください。すると、名前に「ChatGPT」を含むアドインが検索されます。もちろん、目的のアドイン名をフルスペルで「ChatGPT for Excel」と入力して検索しても構いません（スペースは半角）。

検索結果の一覧にある「ChatGPT for Excel」の⑤［追加］をクリックしてください。他のアドインの［追加］をクリックしないよう注意しましょう。

画面2　「ChatGPT for Excel」の［追加］をクリック

すると、「少々お待ちください」のメッセージが表示されます（画面3）。ChatGPT for Excelであることを確認したら、⑥［続行］をクリックしてください。

画面3［続行］をクリック

これでExcelに、ChatGPT for Excelのアドインを追加できました(画面4)。画面右側に、ChatGPT for Excelの作業ウィンドウが自動で開きます。あわせて、［ホーム］タブの右端に、ChatGPT for Excelのアイコンが追加されます。ChatGPT for Excelの作業ウィンドウをもし閉じても、このアイコンをクリックすれば、再び開くことができます。

画面4　ChatGPT for Excelのアドインを追加できた

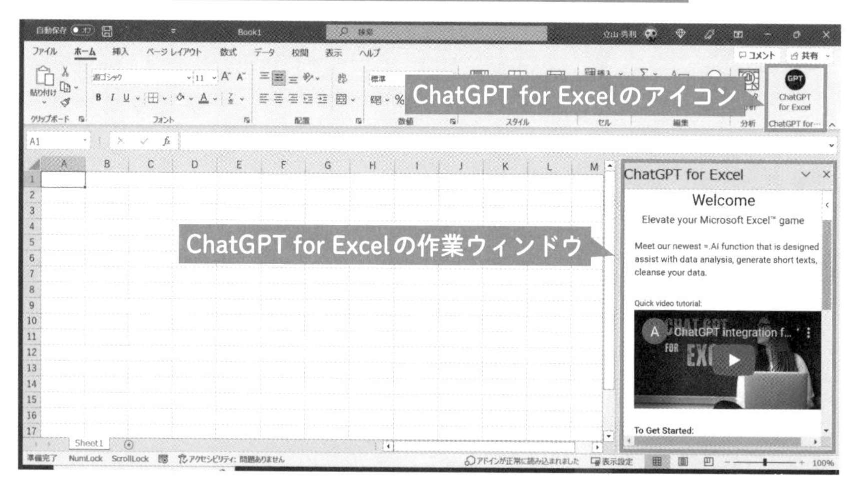

【STEP2】の「ChatGPT関数のアドインをExcelに追加」は以上です。

ChatGPTのAPIキーを設定

続けて、【STEP3】として、先ほど追加したアドインであるChatGPT for Excelに、ChatGPTのAPIキーを設定しましょう。ChatGPTのAPIキーは前節で取得したのでした。

ChatGPT for Excelの作業ウィンドウを下方向にスクロールすると、「Your OpenAI API Key」というボックスがあります（画面5）。そこに、前節で取得・保管した自分の⑦APIキーを入力してください。テキストファイルなどに保管していたなら、コピペするとよいでしょう。

APIキーを入力できたら、⑧［Apply］をクリックしてください。

画面5　自分のAPIキーを設定

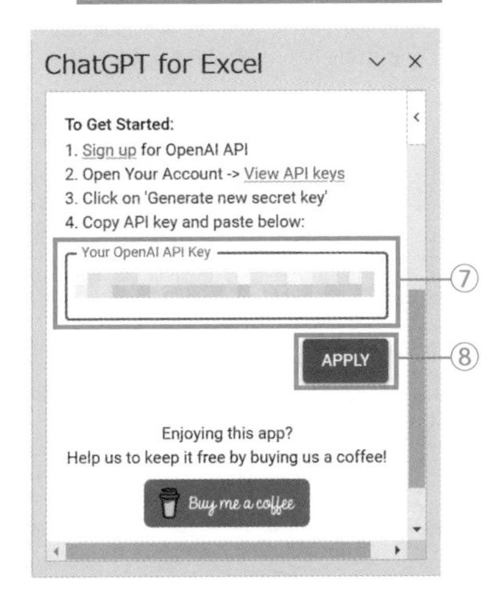

APIキーが無事認証されると、「CONGRATULATIONS!」と表示されます（画面6）。もし表示されなければ、もれなくコピペできているかなど、確認した後に再度設定してください。

画面6　APIキーの設定に成功した

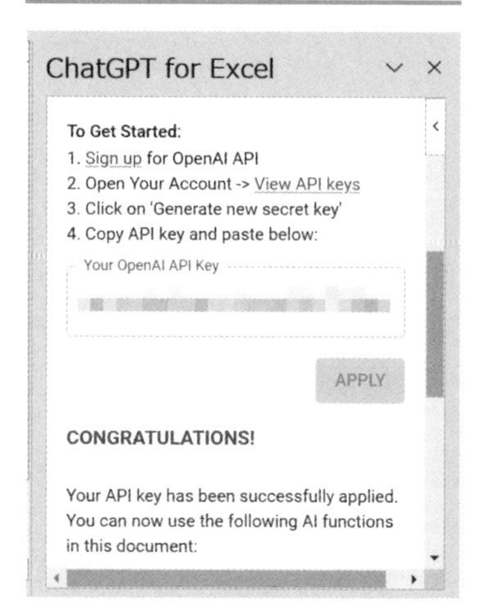

【STEP3】の「アドインにAPIキーを設定」は以上です。なお、設定したAPIキーは記憶されるので、毎回入力する必要はありません。

これでChatGPT for ExcelのChatGPT関数を使えるようになりました。実際に確認してみましょう。適当なセルに「=AI」まで入力してください（画面7）。ここではA1セルとします。すると、名前が「AI」で始まる6種類の関数が候補としてリストアップされます。

画面7　ChatGPT関数が使えるようになった

これら6種類の関数がChatGPT for ExcelのChatGPT関数です。Chapter03 01の表2（73ページ）で紹介した6種類の関数であることが確認できるでしょう。
　ChatGPT for Excelのアドインの【STEP2】と【STEP3】の準備は以上です。次節からは、ChatGPT for Excelの6種類のChatGPT関数の基本的な使い方を順に解説します。

ChatGPT for Excelを削除するには

　本節で追加したアドインのChatGPT for Excelを削除したければ、以下の手順で操作してください。

1　[挿入]タブの[個人用アドイン]をクリック。すると、「Officeアドイン」画面の「個人用アドイン」が開きます。

2　ChatGPT for Excelのアイコンにマウスポインターを重ねると、右側に[…]が表示されるのでクリックしてください。

3　ポップアップメニューの[削除]をクリック（画面）。

画面　ChatGPT for Excelを削除

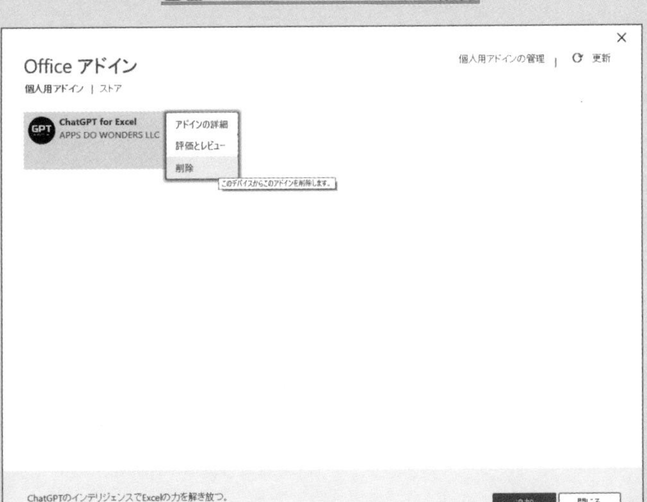

Chapter03

質問の回答をセルに得る関数 ～ AI.ASK関数

関数一つでChatGPTを使える！

本節からはいよいよ、ChatGPT for ExcelのChatGPT関数の基本的な使い方を解説していきます。繰り返しになりますが、ChatGPT関数なら、Webブラウザー上でWeb版を使わなくとも、Excel上だけでChatGPTが使えます。

先に注意点として挙げておきたいのが、これから紹介する例は、あくまでも筆者環境での実行例であり、読者のみなさんのお手元での実行結果と必ず同じになるとは限らないことです。その要因は今までのChatGPTの利用状況やChatGPT自体の中身の関係など、いろいろ考えられます。

しかも、同じ自分のパソコンのExcelを使い、同じChatGPT関数の数式でも、次回実行時に結果が変わる可能性もあります。同じプロンプトを何度も連続して送信すると、チャットの文脈などから回答を変えることがあるChatGPTの性質のなどの関係で、回答が変わってしまうのです。

さらにChatGPT関数はインターネット経由でChatGPTを利用する仕組みであるため、インターネット接続は必須です。

また、利用時間帯によっては、ChatGPTの利用者が集中するなどの原因で、ChatGPT関数がエラーになるケースもよくあります。その際は時間をおいてから再度試してください。エラーについては95ページでも補足します。

以上の注意点は次節以降で解説するChatGPT関数でも同様です。これらの点をあらかじめ留意したうえで、読み進めてください。

それでは、ChatGPT for ExcelのChatGPT関数の解説を始めます。

最初に本節にて、「AI.ASK」関数を取り上げます。質問や要望などの回答を取得する関数です。もっともベースとなるChatGPT関数と言えます。基本的な書式は以下です。

書式

=AI.ASK(プロンプト)

引数には、質問や要望などプロンプトの文字列を指定します。文字列を引数に直接指定するには、目的の文言を「"」(ダブルクォーテーション)で囲みます。

AI.ASK関数を実行すると、そのプロンプトに対する回答が戻り値として得られ、セルに表示されます。

例えば、次のプロンプトの回答をA1セルに得たいとします。

名古屋市の公式サイトを教えてください。

先ほど解説したAI.ASK関数の書式に従い、上記のプロンプトを文字列として引数に指定します。文字列として指定するには、「"」で囲めばよいのでした。以上を踏まえると、目的のAI.ASK関数の数式は以下とわかります。

```
=AI.ASK("名古屋市の公式サイトを教えてください。")
```

それでは、お手元のExcelで新規ブックを開き、A1セルに上記数式を入力してください。その際、関数名の「AI」の後ろの「.」(ピリオド)を入力し忘れないように注意しましょう。また、前節の画面7のように、「=AI」まで入力すると、名前が「AI」で始まる6種類のChatGPT関数がリストアップされるので、その中からAI.ASK関数をダブルクリックで入力すると、タイピングする手間を減らせ、かつ、スペルミスも防げます。

A1セルに上記の数式をすべて入力し終わった状態が画面1です。ちなみに、引数名は「prompt」であり、数式を入力中にポップアップで表示される書式のヘルプで確認できます。また、「関数の引数」ダイアログボックスで入力する際の画面でも確認できます。

画面1　AI.ASK関数の数式をA1セルに入力

A1　=AI.ASK("名古屋市の公式サイトを教えてください。")

A　B　C　D　E　F　G　H　I

1　い。")

入力できたら、Enterキーを押して確定してください。すると、A1セルに「######」と表示されます（画面2）。左隣には緑の丸いアイコンも表示されます。

画面2　回答待ちの間のセルの表示

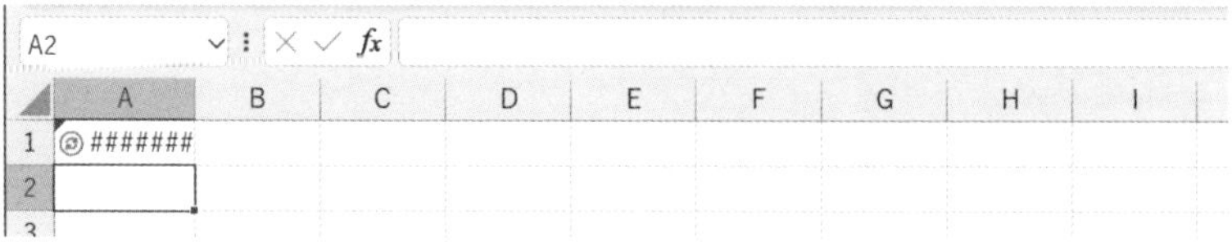

この「######」は、AI.ASK関数がChatGPTにプロンプトを送信し、回答を待っている間に表示されるものです。なお、この#はセル幅が狭いため表示されるものであり、幅を広げると「#Bビジー！」と本来の形式で表示されます。

画面2のまま少し待ってください（もしエラーになったら、しばらく待ってから再度試してください）。すると、回答がA1セルに表示されます（画面3）。

画面3　得られた回答がセルに表示された

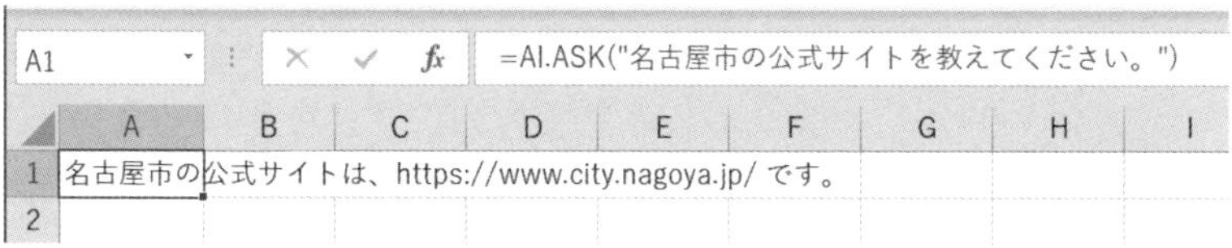

画面3では、A1セルに「名古屋市の公式サイトは、https://www.city.nagoya.jp/ です。」と表示されています。これがAI.ASK関数の引数に指定したプロンプト「名古屋市の公式サイトを教えてください。」に対するChatGPTの回答です（言い回しなどはお手元と異なる可能性があります）。回答はAI.ASK関数の戻り値として得られるので、上記数式をA1セルに入力したことによって、A1セルに表示されたのです。

この回答はもちろん、Web版ChatGPT関数と同じく、人によるファクトチェックを忘れずに実施しましょう。

なお、画面3は回答が得られたあと、再びA1セルを選択した状態です（画面2にてEnterキーで確定すると、A2セルに移動します）。A1セルには回答が表示されていますが、数式バーを見るとAI.ASK関数の数式が入力されていることが確認できます。

以上がAI.ASK関数の基礎となる使い方です。もし「#VALUEエラー」とA1セルに表示されたら、ピーク時によるエラーの可能性が高いので、しばらく待ってから再度試してください。「ERROR:OpenAI API error - Prompt is empty」などがセルに表示された際も同様です。また、「0」と表示されたら、インターネットに接続されていない可能性が高いので、確認しましょう。

プロンプトを調整して欲しい形式の回答にする

先ほどAI.ASK関数で得られた回答は、「名古屋市の公式サイトは、https://www.city.nagoya.jp/ です。」という文章の形式でした。作成したい表によっては、URLだけが欲しいケースも多いでしょう。

その場合、AI.ASK関数の引数に指定するプロンプトの内容を調整します。例えば、「のURL」という文言を挿入した以下のプロンプトに変更します。

> 名古屋市の公式サイトのURLを教えてください。

すると画面4のように、A1セルにはURLだけが取得され、A1セルに表示されます。

画面4　URLだけが回答として得られた

A1　=AI.ASK("名古屋市の公式サイトのURLを教えてください。")

	A	B	C	D	E	F	G	H	I
1	https://www.city.nagoya.jp/								

他にも以下のようなプロンプトでも、同じ結果が得られます。他にも何通りか考えられます。

> 名古屋市の公式サイトのURLだけを教えてください。

> 名古屋市の公式サイトを教えてください。URLだけでOKです。

プロンプト調整の例をもう一つ紹介します。オーストラリアの首都をChatGPTに尋ねる例です。AI.ASK関数の引数に、「オーストラリアの首都を教えてください。」というプロンプトを指定したとします。すると、画面5のように回答が「オーストラリアの首都は、キャンベラです。」と文章形式で得られます。

画面5　文章形式の回答が得られた

A1		=AI.ASK("オーストラリアの首都を教えてください。")

	A	B	C	D	E	F	G	H	I
1	オーストラリアの首都は、キャンベラです。								

ここで、首都名である「キャンベラ」だけをA1セルに表示したければ、たとえば以下のようにプロンプトを変更します。「簡潔に」という文言を挿入しました。

オーストラリアの首都を簡潔に教えてください。

すると、画面6のように、A1セルに「キャンベラ」だけが表示されます。

画面6　プロンプトに「簡潔に」を追加した回答

A1		=AI.ASK("オーストラリアの首都を簡潔に教えてください。")

	A	B	C	D	E	F	G	H	I
1	キャンベラ								

1つ目の例では「のURL」と、欲しい情報を名指しするようプロンプトを調整しましたが、2つ目の例では「簡潔に」という文言を入れることで、文章ではなく目的の情報だけを取得できました。

他にも例えば、「オーストラリアの首都の名前だけを教えてください。」などのプロンプトでも、同様の回答が得られます。

なお、1つ目の例でも、「のURL」を挿入したプロンプトではなくとも、「名古屋市の公式サイトを簡潔に教えてください。」のように、「簡潔に」を入れただけでも、URLだけが得られるようになります。この「簡潔に」は、欲しい情報だけを取得したい際に何かと重宝する文言なので、ぜひともおぼえておきましょう。

ここで紹介したプロンプトの調整はあくまでも一例であり、質問の内容や欲しい回答の形式によって、いろいろ試してみるとよいでしょう。また、これらの例のように、目的の情報を目的の形式で得られるよう、プロンプトを調整することは、専門用語で「プロンプトエンジニアリング」と呼ばれます。これらの例はプロンプトエンジニアリングの初歩になります。他にも例えば、最初にChatGPTに対して、「あなたは〇〇の専門家です。」と役割を設定することで、回答の内容やレベルを調整するなど、さまざまなテクニックがあります。

セルの値をプロンプトに利用できる

AI.ASK関数はセルの値をプロンプトに利用することもできます。よりExcelらしい使い方と言えるのですが、一体どういうことなのか、順に解説していきます。

その主な方法は、以下の2通りです。これらの方法の解説のなかで、「セルの値をプロンプトに利用する」とは具体的にどういうことなのか、どうすればよいのかも、あわせて説明します。

【方法1】AI.ASK関数の第2引数を使う
【方法2】Excelの＆演算子を使う

まずは【方法1】である「AI.ASK関数の第2引数を使う」の方法を解説します。

実はAI.ASK関数には、省略可能は引数がいくつかあります。先ほどは第1引数（引数名prompt）のみを使いました。必須の引数はこれだけです。そして、第2引数を使うと、指定したセルの値をプロンプトに参照させて利用できるようになります。

第2引数を使う場合のAI.ASK関数の書式は以下です。ちなみに第2引数の引数名は「value」です。

書式

```
=AI.ASK(プロンプト,セル番地)
```

第1引数にはプロンプトの文字列を指定します。これは先ほどの例と同じです。第2引数には、セル番地を指定します。これで、第1引数のプロンプトに、第2引数に指定したセル番地のセルの値が組み合わされて、ChatGPT

に送信されます。

この第2引数の機能は具体例を見た方が理解が早いので、さっそく体験してみましょう。例として画面7のように、A1セルに「仙台市」という都市名が入力してあるとします。この右隣にB1セルに、A1セルの都市(仙台市)がある県を、AI.ASK関数で取得したいとします。では、お手元のExcelで新規ブックを開き、A1セルに「仙台市」と入力してください。

画面7　A1セルの都市がある県を取得する

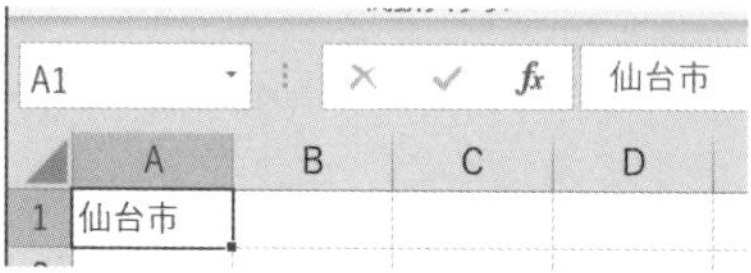

A1　仙台市

	A	B	C	D
1	仙台市			

この場合、B1セルにAI.ASK関数の数式を入力することになります。第1引数のプロンプトは、ここでは以下を指定します。

次の都市がある県を教えてください。

第2引数には、プロンプトに使いたい値である「仙台市」が入ったA1セルを指定します。

以上を踏まえると、B1セルに入力する数式は以下となります。

```
=AI.ASK("次の都市がある県を教えてください。",A1)
```

実際に上記数式を入力し、Enterキーで確定して実行すると、画面8のように、「宮城県」がB1セルに得られました。

画面8　A1セルの都市がある県を取得できた

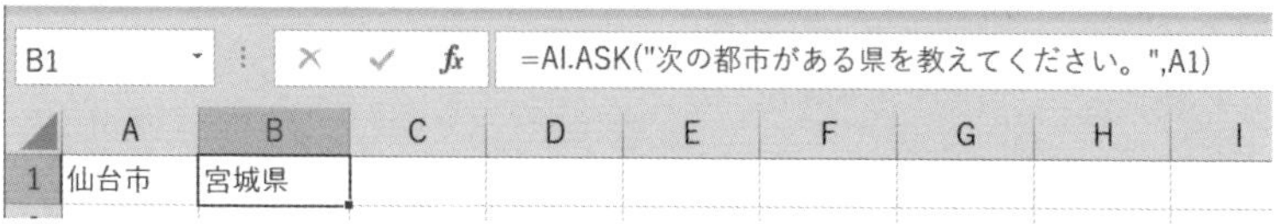

B1　=AI.ASK("次の都市がある県を教えてください。",A1)

	A	B	C	D	E	F	G	H	I
1	仙台市	宮城県							

この数式のポイントは、第1引数のプロンプトの冒頭にある「次の」という文言です。AI.ASK関数側で「次の」が第2引数の値を示していると文脈を理

解し、「仙台市がある県を教えてください。」のように解釈してChatGPTに質問しているのです（図1）。

図1　第1引数内の「次の」と第2引数の関係

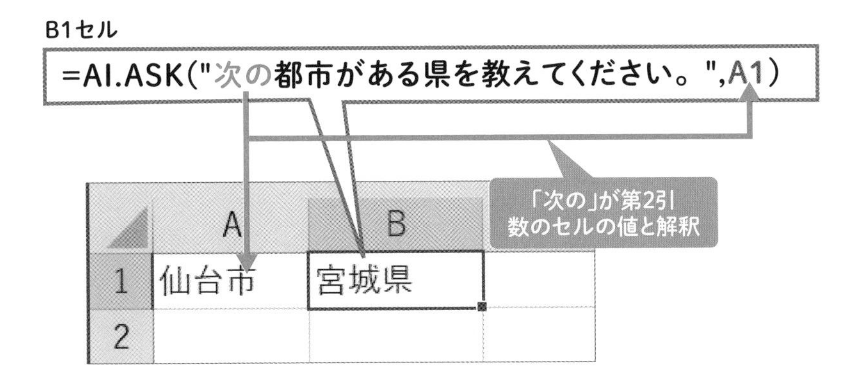

「次の」以外にも「この」など、別の文言でもOKな場合も多々あります。

&演算子でプロンプトを組み立てる

セルの値をプロンプトに利用する【方法2】は、「&」演算子を使う方法です。&演算子の機能や使い方は、このあとすぐ解説します。

実は【方法1】は、場合によってはうまくいかないケースもしばしばあります。例えば画面9の例です。A1セルに「名古屋市」と入力しておき、B1セルに以下のAI.ASK関数の数式を入力しています。

画面9　1つ目の方法でうまくいかない例

B1　=AI.ASK("次の公式サイトのURLを教えてください。",A1)

	A	B	C	D	E	F
1	名古屋市	公式サイト：https://www.city.nagoya.jp/				

```
=AI.ASK("次の公式サイトのURLを教えてください。",A1)
```

このB1セルに得られた回答は「公式サイト：https://www.city.nagoya.jp/」です（画面9では見やすくなるよう、B列の列幅を広げています）。名古屋市のURL自体は正しいものの、URLだけを得たい場合、「公式サイト：」がジャマになります。筆者環境で試した限り、URLだけを得ようと、「簡潔に」を挿入するなど、プロンプトの言い回しを変えても、なかなかうまく行きません。

そこで登場するのが、&演算子を使う【方法2】です。

読者のみなさんの中にはご存知の方も少なくないかと思いますが、&演算子は文字列を連結する演算子です。AI.ASK関数やChatGPT関係の演算子ではなく、Excelの演算子になります。

&演算子は両辺に指定した文字列を連結します。ここで、&演算子だけを用いた簡単な例を画面10のとおり提示します。

画面10　&演算子の例

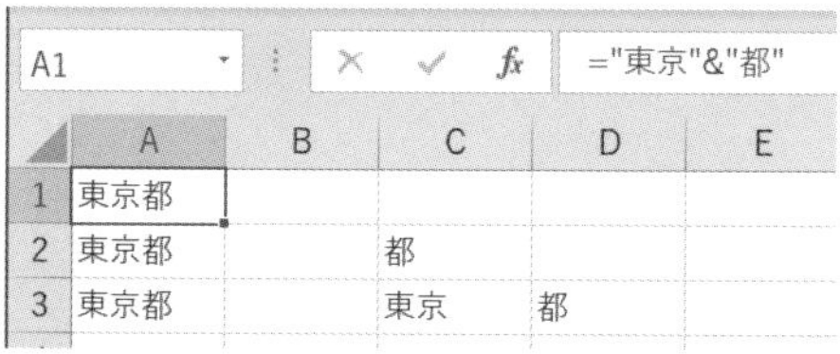

	A	B	C	D	E
1	東京都				
2	東京都		都		
3	東京都		東京	都	

A1　=\"東京\"&\"都\"

A1～A3セルではそれぞれ&演算子を使っています。すべて「東京都」という結果が得られていますが、&演算子の数式は微妙に変えています。

A1セルには、以下の数式を入力しています。&演算子の両辺には、「"」で囲った文字列をともに直接指定しており、これら両辺の文字列が連結されて「東京都」となります。

```
="東京"&"都"
```

A2セルの数式は以下です。C2セルに「都」を入力しておき、そのセル番地を&演算子の右辺に指定しています。&演算子の左辺には「"東京"」を直接指定しており、両辺が連結されて「東京都」となります。

```
="東京"&C2
```

A3セルの数式は以下です。C3セルに「東京」、D3セルに「都」と入力しておき、両者のセル番地を&演算子の両辺に指定しています。C3セルの「東京」とC4セルの「都」が連結されます。

```
=C3&D3
```

この＆演算子を使い、画面9のAI.ASK関数にて、A1セルの値「名古屋市」をプロンプトに利用して、B1セルに名古屋市のURLだけを取得します。

ここで思い出してほしいのですが、本節で名古屋市のURLだけを取得した際のプロンプトは以下でした（95ページ参照）。

名古屋市の公式サイトのURLを教えてください。

これと全く同じプロンプトを、A1セルの値「名古屋市」を利用して作成します。そのために＆演算子を使います。作成したい上記プロンプトから、「名古屋市」だけを取り除くと以下になります。

の公式サイトのURLを教えてください。

上記の前に＆演算子を使い、A1セルの値「名古屋市」を連結すれば、目的のプロンプト「名古屋市の公式サイトのURLを教えてください。」を組み立てられます。その数式は以下です（図2）。＆演算子の左辺には、A1セルのセル番地を指定しています。右辺には文字列「の公式サイトのURLを教えてください。」を指定しています。右辺は文字列を直接指定するよう「"」で囲います。

```
A1&"の公式サイトのURLを教えてください。"
```

図2　&演算子でプロンプトを組み立てる

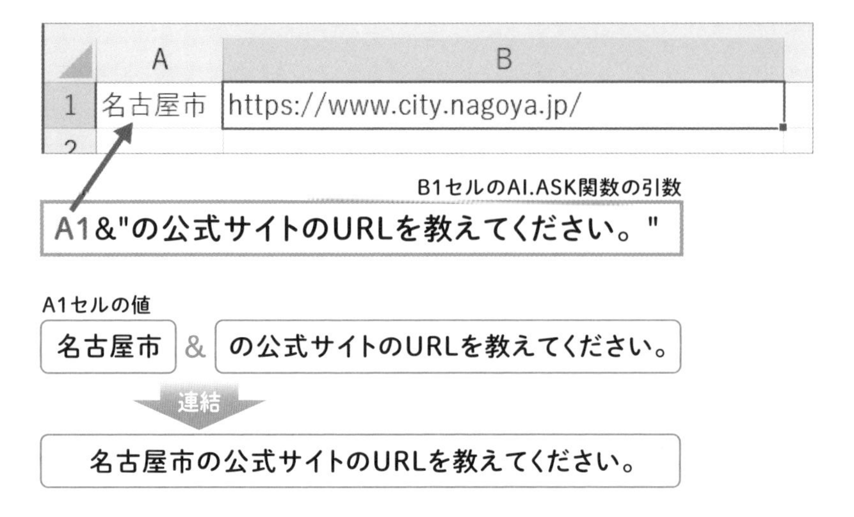

上記をAI.ASK関数は第1引数にそのまま指定すればOKです。この方法では、第2引数は使いません。

```
=AI.ASK(A1&"の公式サイトのURLを教えてください。")
```

画面9でB2セルの数式を上記の変更した結果が画面11です。これで意図通り、URLだけが得られました。

画面11　B2セルにURLだけが得られた

また、ここでは「の公式サイトのURLを教えてください。」を「"」で囲って、&演算子の右辺に直接指定しましたが、もちろん、別のセルに入力しておき、そのセル番地を&演算子の右辺に、間接的に指定するやり方でも構いません。

セルの値をプロンプトに利用する2通りの方法の解説は以上です。筆者個人としては【方法2】をオススメします。プロンプトの調整がより柔軟に行え、さらには、複数のセルをプロンプトに利用することも可能だからです（Chapter04で改めて解説します）。それに対して【方法1】はプロンプトの調整が比較的難しく、利用可能なセルも1つだけです。

また、AI.ASK関数には他にも、省略可能な引数が3つあります。第3引数については、Chapter03 06の節末のコラム（122ページ）で簡単に紹介します。残りの第4引数～第5引数は筆者個人としては、AI.ASK関数に慣れないうちは、指定せずに標準（デフォルト）のまま使うことをオススメします。

Chapter03

ChatGPT関数の使用量を節約するには

使用量を節約する方法は2つある

前節では、アドインChatGPT for ExcelのChatGPT関数の一つであるAI.ASK関数の基本的な使い方を解説しました。残り5種類の関数を解説する前に、本節にてChatGPT関数の使用量を節約するコツを解説します。

ChatGPTのAPIは、Chapter03 02のAPIキー取得の際すでに解説しましたが、無料枠と有効期限があります。APIの使用量が無料枠を超えると、支払い手続きが必要となります（料金は従量課金制）。

そして、APIキーはChapter03 03にて、ChatGPT関数のアドインに設定しました。Chapter03 02のコラム（84ページ）で触れたように、AI.ASK関数をはじめChatGPT関数は、内部でChatGPTのAPIを使用しています。ゆえにChatGPT関数の使用量が増えると、APIの使用量も増えます。

APIの無料枠を使い切るタイミングは、なるべく遅らせたいものです。そのためには、ChatGPTの使用量を節約するのが大切です。本節ではその方法を紹介します。使用量の節約はさらに、無料枠または有効期限を超えて従量課金制に移行した際も、利用料を抑えるのに有効なので、ぜひやり方を知っておきましょう。

ChatGPT関数の使用量を節約する方法は何通りか考えられますが、本書では以下の2通りを紹介します。

【節約方法1】ChatGPT関数の結果で数式を上書きする
【節約方法2】Excelの自動計算を無効化する

使用量がかさんでしまう大きな理由は、ChatGPT関数の再計算が自動で実行されることです。ご存知の方も少なくないかと思いますが、Excelは標準で、あるセルに数式を新たに入力したり、既存の数式を変更したり、数式で使われているセルの値を変更したりすると、数式が入っているすべてのセルで、再計算が自動で行われます。ChatGPT関数を使っているセルも同様に自動で再計算され、知らず知らずのうちに使用量が増えてしまうのです。

上記2通りの方法では、【節約方法1】がChatGPT関数の再計算を完全になくすアプローチ、【節約方法2】が最小化するアプローチで使用量を節約します。

ChatGPT関数の結果で数式を上書きする

最初は【節約方法1】の「ChatGPT関数の結果で数式を上書きする」の方法を解説します。

この方法はもう少し詳しく述べると、ChatGPT関数の戻り値として得られた処理結果の値をコピーし、その同じセルに値のみ貼り付けて上書きする、という方法です。そのセルにはChatGPT関数の数式を残すのではなく、結果の値を入力し直すのです。すると、ChatGPT関数自体がセルからなくなり、以降は完全に再計算されなくなるので、使用量は一切増えなくなります（図1）。

図1　ChatGPT関数自体をなくし、再計算をなくす

ChatGPT関数の数式
B1　=AI.ASK(A1&"の公式サイトのURLを教えてください。")
A1: 名古屋市　B1: https://www.city.nagoya.jp/
再計算あり
API使用量は
増える
上書き!
ChatGPT関数の結果の値
B1　https://www.city.nagoya.jp/
A1: 名古屋市　B1: https://www.city.nagoya.jp/
再計算なし
API使用量は
増えない

【節約方法1】の「ChatGPT関数の結果で数式を上書きする」の具体的な手順は以下です。前節の最後（99ページ）に解説したワークシートを例に用いるとします（画面1）。

まずはChatGPT関数の数式が入っている①目的のセル（B1セル）を選択し、［ホーム］タブの②［コピー］をクリックするなどしてコピーします。

画面1　目的のセルをクリップボードにコピー

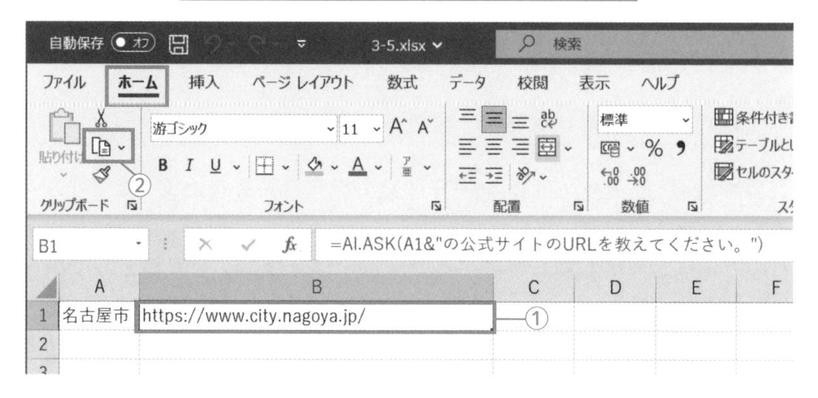

同じB1セルを選択したままの状態で、［ホーム］タブの［貼り付け］の下の③［▼］をクリックし、「値の貼り付け」以下の④［値］をクリックします（画面2）。右クリックメニューから値のみ貼り付けても構いません。

画面2　同じB2セルに値のみ貼り付け

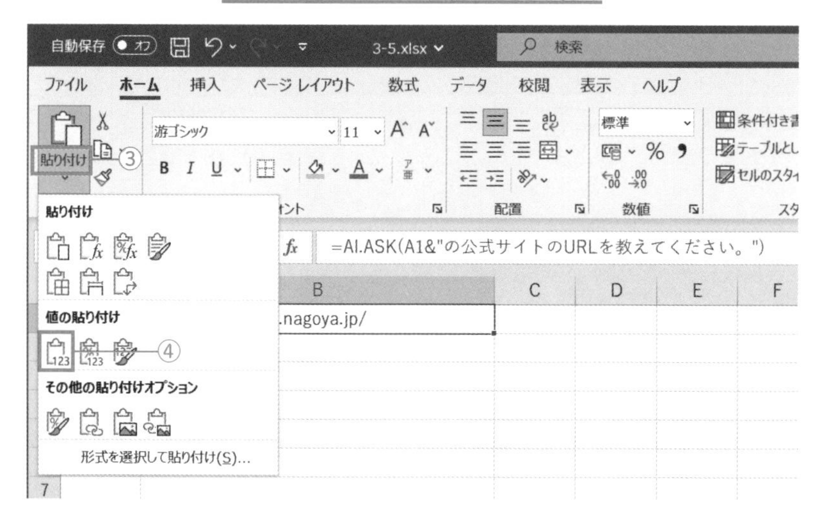

これでB1セルをChatGPT関数（ここではAI.ASK関数）の結果で上書きできました（画面3）。

画面3　B2セルをAI.ASK関数の結果で上書き

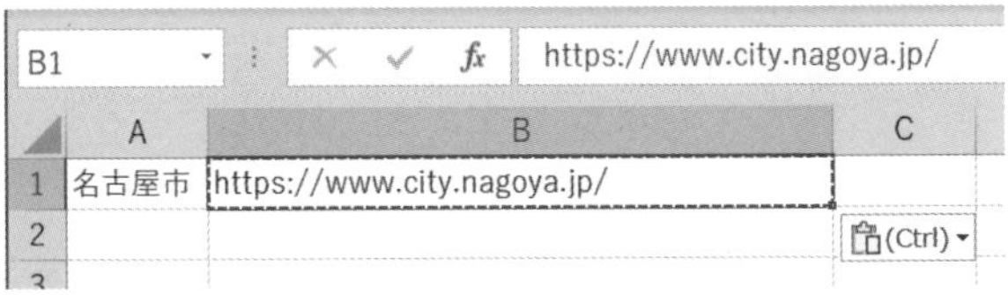

	A	B	C
1	名古屋市	https://www.city.nagoya.jp/	
2			

B1セルの数式バーを改めて見ると、画面1ではAI.ASK関数の数式でしたが、値のみ貼り付けで上書きしたあとの画面3では、「https://www.city.nagoya.jp/」というURLの文字列になっています。このURLは画面1を見直せばわかるとおり、元のAI.ASK関数の処理結果の値です。

これでAI.ASK関数自体がなくなったので、AI.ASK関数の再計算が自動で行われることは完全になくなり、使用量は一切増えません。

この【節約方法1】はこのように再計算が完全になくなるため、一度得たChatGPT関数の結果を以降もそのまま使い続けたい場合に向いています（次ページのコラムも参照）。逆に、ChatGPT関数の再計算によって結果を再び得る必要があるなら、このあと解説する【節約方法2】を用いてください。

なお、【節約方法1】は繰り返しになりますが、ChatGPT関数の数式自体がなくなります。もし同じ数式を今後使う可能性があるなら、どこかにコピペするなどしてバックアップしておくとよいでしょう。

もし、Excelのワークシート上にバックアップしたいなら、ChatGPT関数の数式をそのまま別のセルにコピペすると、自動で再計算されて、使用量が増えてしまうので注意してください。その場合は、数式の前に「'」（シングルクォーテーション）を付けてください（画面4）。「'」を付けると数式ではなく、文字列と見なされ、再計算されなくなります。そのセル上には画面4のように、数式が文字列としてそのまま表示されます。

画面4　冒頭に「'」を付けて数式を文字列化

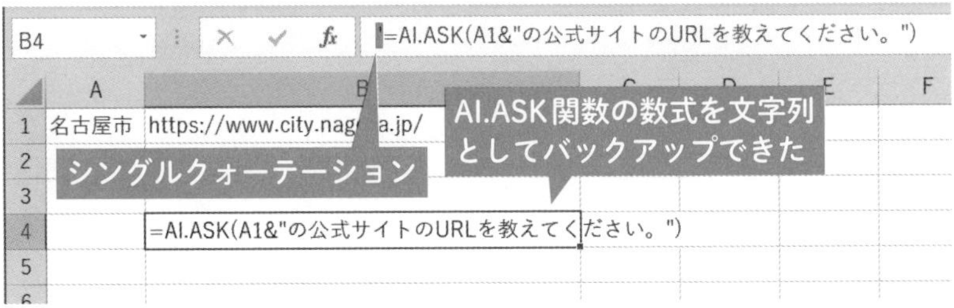

	A	B
1	名古屋市	https://www.city.nagoya.jp/
4		=AI.ASK(A1&"の公式サイトのURLを教えてください。")

シングルクォーテーション

AI.ASK関数の数式を文字列としてバックアップできた

数式を上書きする方法のもうひとつの使い道

ChatGPT関数の数式を結果の値で上書きする方法には、本文でも少し触れましたが、使用量節約に加え、もうひとつの使い道があります。AI.ASK関数をはじめChatGPT関数は再計算の度に、ChatGPTの回答を取得しに行きます。すると、前回とは異なる回答が得られるケースがあります。これはChatGPTの仕組み上、ある程度は避けられないことです。

もし、一度得た回答を再計算によって勝手に変更されたくなければ、ChatGPT関数の数式を値で上書きする先述の方法によって、セルの中身を値に変えます。これでChatGPT関数自体がなくなり、再び回答を取得しなくなるので、一度得た回答が変更されなくなります。

もちろん、同じセルに上書きしなくとも、別のセルに値のみを貼り付けても構いません。ChatGPT関数の再計算が行われないようにすればよいのです。

Excelの自動計算を無効化する

次に【節約方法2】の「Excelの自動計算を無効化する」を解説します。自動で再計算が行われないよう、Excelの設定を変更する方法です。再計算を完全にできないようにするのではなく、再計算が自動で行われないようにするのです。言い換えると、再計算は手動で行うよう設定を変更します。

自動計算を無効化するには、[数式]タブの①[計算方法の設定]をクリックし、②[手動]をクリックして設定します(画面5)。

画面5　自動計算を無効化する

これで計算は手動で行うようになり、自動計算を無効化できました。原則、自動で再計算が行われなくなります。「原則」と記したのは、無効化したあとでも、ブックの上書き保存時など、自動で再計算されるケースがいくつかあるからです。とはいえ、少なくとも常にすべてのセルで再計算が自動で行われなくなったので、ChatGPT関数の使用量の節約になることは間違いありません。

そして、再計算は必要な時に必要なセルだけ手動で実行できます。個別のセルで再計算を手動で行うには、目的のセルをダブルクリックするか、F2キーを押して、一度編集モードにします（画面6）。そのままEnterキーを押せば、再計算が行われます。

画面6　セルごと個別に再計算する方法

また、［数式］タブの［計算方法の設定］の隣にある［再計算実行］をクリックすると、そのブック全体で再計算できます。ショートカットキーはF9キーです。また、［再計算実行］の下にある［シート再計算］をクリックすると、そのワークシートのみで、すべてのセルで再計算できます。ショートカットキーのShift＋F9キーです。

この【節約方法2】で注意してほしいのが、自動計算の無効化の設定は、お使いのExcel全般に適用されることです。ChatGPT関数を使っていない他のブック／ワークシートでも、自動計算が無効化されるのです。

そのため、「あれっ！？　セルの値や数式を変更したのに、計算結果が変わらないぞ！」のような事態に直面しがちです。その場合は画面5の自動計算の設定を確認してください。自動計算が再び必要になったら、画面5で［自動］をクリックして有効化してください。

Chapter03

回答がリスト形式で得られる関数 ～AI.LIST関数

リスト形式の回答を複数セルに得る

本節では、ChatGPT for Excelの2つ目のChatGPT関数である「AI.LIST」関数の基本的な使い方を解説します。回答をリスト形式で得られる関数です。そのリスト形式の回答は、Excelの複数のセルに得られます。例えば、5つの回答が得られたら、5つのセルにそれぞれ得られます。

AI.LIST関数の機能は、具体例を見た方が早く理解できるので、さっそく体験してみましょう。

AI.LIST関数の基本的な書式は以下です。

書式

```
=AI.LIST(プロンプト)
```

AI.ASK関数と同じく、第1引数にプロンプトを文字列として指定します。

ここで例として、プロンプトは以下とします。

静岡県の主要都市を教えてください。

このプロンプトを先ほど提示したAI.LIST関数の書式にのっとり、第1引数に文字列として指定します。すると、数式は以下になります。

```
=AI.LIST("静岡県の主要都市を教えてください。")
```

では、お手元のExcelで新規ブックを開き、上記の数式をA1セルに入力し、Enterキーで確定して実行してください。すると、筆者環境での実行結果は画面1のように、静岡県の主要都市の一覧が得られ、A1セルから下のセルにかけて表示されています。画面1はA14セルまでしか見えていませんが、実際にはその下のA21セルまで続いており、計21の都市が回答として得られています。

画面1　AI.LIST関数の例

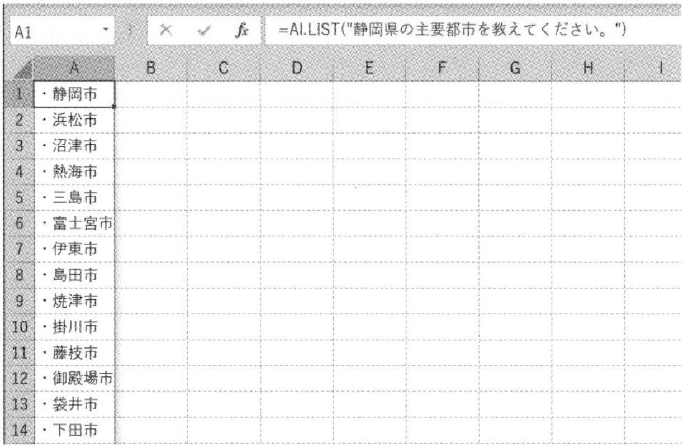

A1　=AI.LIST("静岡県の主要都市を教えてください。")

	A	B	C	D	E	F	G	H	I
1	・静岡市								
2	・浜松市								
3	・沼津市								
4	・熱海市								
5	・三島市								
6	・富士宮市								
7	・伊東市								
8	・島田市								
9	・焼津市								
10	・掛川市								
11	・藤枝市								
12	・御殿場市								
13	・袋井市								
14	・下田市								

なお、画面1は数式を入力して Enter キーで確定・実行した後、再びA1セルを選択した状態です。また、各都市名の冒頭には「・」が付けられた形式になります。

画面1の回答には、静岡県の主要都市の1つ目に静岡市が得られ、A1セルに表示されています。そして、2つ目に得られた浜松市は、その下のA2セルに表示されています。3つ目の沼津市はA3セル、4つ目の熱海市はA4セル……と表示されています。

AI.LIST関数の数式を入力したのはA1セルだけにもかかわらず、複数得られた回答がリスト形式ゆえ、A2セル以降にも入力・表示されるのです（図1）。これがリスト形式で回答が得られ、複数のセルに入力・表示されるというAI.LIST関数の機能の例です。

図1　AI.LIST関数の機能

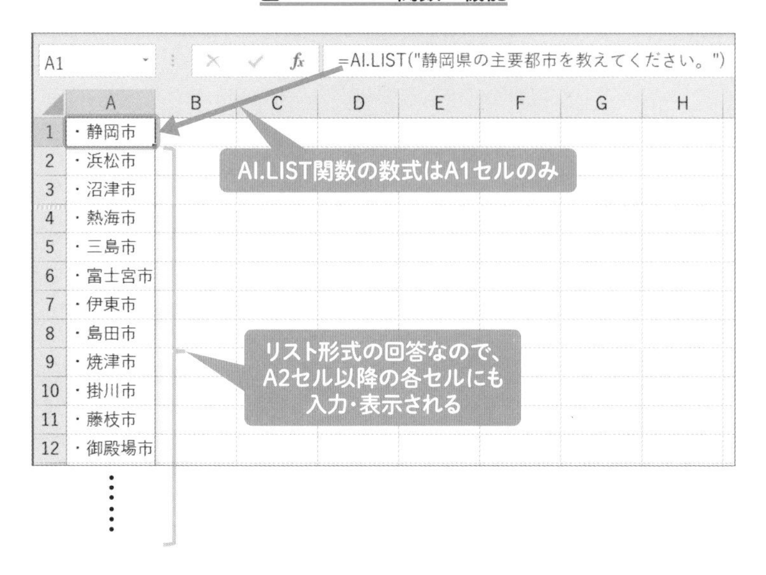

無論、AI.LIST関数もAI.ASK関数と同じく、人による回答のファクトチェックは欠かせません。

スピル機能で複数セルに入力される

先ほどの画面1のように、AI.LIST関数によって、リスト形式の回答が複数のセルに入力・表示される機能について、もう少し詳しく解説します。

先述のとおり、AI.LIST関数の数式を入力したのは、A1セルだけであるにもかかわらず、回答はA2セル以降のセルにも得られています。これはExcelの**スピル**という機能によるものです。

スピルとは、ご存知かもしれませんが、関数による計算など数式の結果が、その数式を入力したセルだけでなく、隣に続くセルにも“こぼれる”かのごとく、連続して入力されて表示される機能です（図2）。

図2　スピル機能

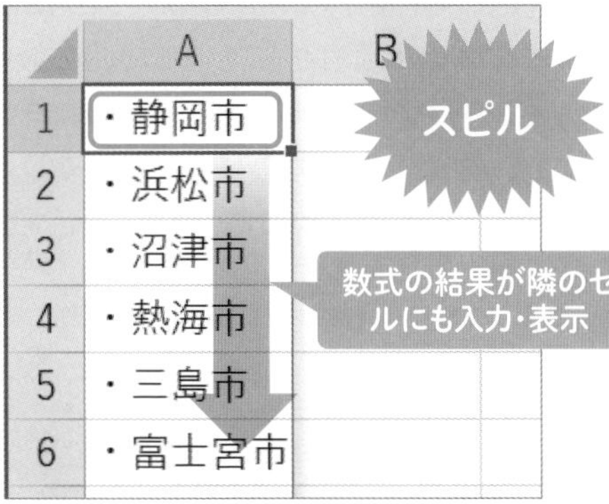

	A	B
1	・静岡市	
2	・浜松市	
3	・沼津市	
4	・熱海市	
5	・三島市	
6	・富士宮市	

ちなみに「スピル」という言葉はもともと「こぼれる」という意味です。スピル機能はAI.LIST関数の他にも、XLOOKUP関数やFILTER関数など、ChatGPT関数ではない関数の一部でも使えます。また、スピル機能は行方向（下方向）だけでなく、列方向（右方向）にも、隣に続くセルに複数のデータを入力・表示できます。

画面1はAI.LIST関数で得られたリスト形式の回答が、スピル機能によってA2セル以降に入力・表示されました。ここで、A2セルを選択してください（画面2）。すると、数式バーには、A1セルの数式「=AI.LIST("静岡県の主要都市を教えてください。")」が薄くグレーの文字で表示されます。

画面2　スピルで回答が入力・表示されたセルの数式

	A	B	C	D	E	F	G	H	I
1	・静岡市								
2	・浜松市								
3	・沼津市								
4	・熱海市								
5	・三島市								

この薄いグレー文字の数式は、「このセルにはスピル機能によって、他のセルに入力されているこの数式が使われていますよ」ということを意味しています。

どのセルに入力されている数式が使われているのかは、再び画面2をよく見てほしいのですが、A1セルから下のセル範囲が青い細線で囲まれています。このセル範囲がスピル機能が適用されている範囲であり、そのセル範囲の左上に位置するセル（この例ならA1セル）に、元の数式が入力されることになります（図3）。なお、画面2と図3はA14セルまでしか見えていませんが、実際の青い細線の範囲はA21セルまであります。

図3　スピルの範囲と元の数式のセル

そして、スピル機能で入力・表示されているセルの値は、セル参照によって取得できます。つまり、それらのセルを計算などの処理に使えるのです。本節の例なら、スピル機能で値が入力・表示されているA2セル以降のセルでも、セル参照によってその値が取得できます。そのセルには数式自体は入力されていないのに、セル参照で値を取得できるのです。

そのようにスピルのセルの値をセル参照で取得する例をお見せします。本節の例にて、C1セルに以下の数式を入力したとします。「=」に続けてA2セルのセル番地である「A2」を記述しただけであり、単にA2セルの値を参照する数式です。

```
=A2
```

Enter キーで確定すると、C1セルには画面3のよう「・浜松市」と表示されます。参照先であるA2セルの値「・浜松市」が取得できました。このA2セルの値は、スピル機能で入力・表示されたものでした。

画面3　スピルのA2セルの値をC1セルに取得

C1　=A2

	A	B	C	D	E
1	・静岡市		・浜松市		
2	・浜松市				
3	・沼津市				
4	・熱海市				
5	・三島市				

続けて、C1セルの数式は「=A3」とA3セルを参照するよう変更すると、今度は画面4のように、A3セルの値である「沼津市」が取得されます。

画面4　スピルのA3セルの値をC1セルに取得

C1　=A3

	A	B	C	D	E
1	・静岡市		・沼津市		
2	・浜松市				
3	・沼津市				
4	・熱海市				
5	・三島市				

A4セル以降のスピルのセルの値も同様に、セル参照によって取得できます。先述のとおり、AI.LIST関数の数式はA1セルだけに入力されており、A2セル以降には数式は何も入力されていないのですが、スピル機能によってA2セル以降にも、ChatGPTの回答が入力・表示されています。画面3と画面4では、それらスピル機能によって入力・表示されたセルの値を、セル参照で取得できた例です。

また、C1セルの数式を以下に変更したとします。

```
=A3:A6
```

「=」に続く「A3:A6」は、A3 ～ A6セルのセル範囲を意味します。この数式によって、A3 ～ A6セルの値がC1 ～ C4セルに取得できます（画面5）。このように関数の戻り値や単一のセル参照だけでなく、セル範囲の参照でもスピル機能を使えます。

画面5　セル範囲をスピルで参照

C1　=A3:A6

	A	B	C	D	E
1	・静岡市		・沼津市		
2	・浜松市		・熱海市		
3	・沼津市		・三島市		
4	・熱海市		・富士宮市		
5	・三島市				
6	・富士宮市				
7	・伊東市				

画面5はC1セルを選択し直した状態であり、C1 ～ C4セル全体が青い細線で囲まれます。このセル範囲の左上に位置するC1セルに、元の数式「=A3:A6」が入力されています。C2セルやC3セル、C4セルを選択すると、元の数式「=A3:A6」が薄いグレー文字で表示され、スピル機能によって値が入力・表示されていることが確認できます。

ちなみに、スピル機能によって値が入力・表示されているセルは、専門用語で**ゴースト**と呼びます。ゴーストのセルの数式は直接編集できません。編集しようとすると、エラーになります。

AI.LIST関数をもっと使いこなそう

ここからはAI.LIST関数をさらに使いこなすためのちょっとしたテクニックを紹介します。

先ほどの画面1の例では、静岡県の主要都市が計21取得されましたが、プロンプトに一言加えることで、取得する数を制御できます。例えば5つなら、以下のプロンプトです。

```
=AI.LIST("静岡県の主要都市を5つ教えてください。")
```

画面1のプロンプトの「教えてください。」の前に、「5つ」という数を指定する文言を加えました。実行結果は画面6のとおり、都市は5つだけ取得できました。

画面6　指定した数だけ回答が得られた

A1　=AI.LIST("静岡県

	A	B	C	D	E
1	1. 静岡市				
2	2. 浜松市				
3	3. 熱海市				
4	4. 伊東市				
5	5. 富士宮市				

もちろん、5つだけ取得したい旨なら、他の文言でも可能です。また、画面6をよく見ると、都市名の冒頭に「連番.」が自動で振られています。

次のテクニックですが、まずはA1セルの数式のプロンプトを以下に変更したとします。

```
=AI.LIST("静岡県の主要都市とそれぞれの人口を教えてください。")
```

Chapter02のWeb版でも似たようなことを体験しましたが、主要都市に加えて、それぞれの都市の人口も取得するようプロンプトを加筆しています。筆者環境での実行結果は画面7です。

画面7　都市名と人口がA列のセルに得られた

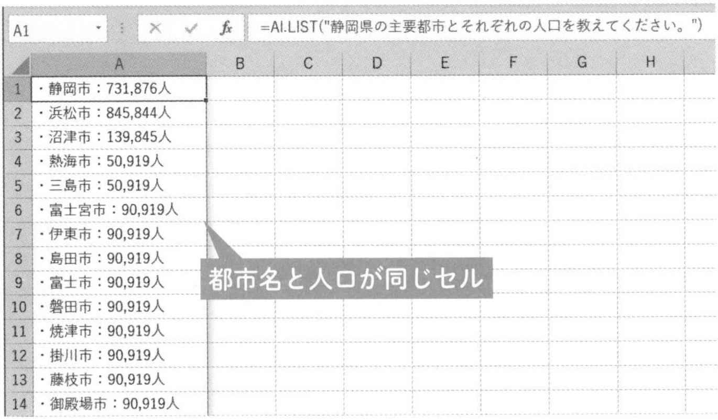

A1　=AI.LIST("静岡県の主要都市とそれぞれの人口を教えてください。")

	A	B	C	D	E	F	G	H
1	・静岡市：731,876人							
2	・浜松市：845,844人							
3	・沼津市：139,845人							
4	・熱海市：50,919人							
5	・三島市：50,919人							
6	・富士宮市：90,919人							
7	・伊東市：90,919人							
8	・島田市：90,919人							
9	・富士市：90,919人							
10	・磐田市：90,919人							
11	・焼津市：90,919人							
12	・掛川市：90,919人							
13	・藤枝市：90,919人							
14	・御殿場市：90,919人							

都市名と人口が同じセル

確かに主要都市の名前とその人口がリスト形式で得られ、その下に続く行ごとに入力・表示されていますが、都市名と人口が同じセルの中に、「：」区切りで入力・表示されてしまいました。できれば、都市名と人口で列を分けて、別々のセルに入力・表示したいものです。

都市名と人口で列を分けたいなら、例えば下記数式のように、回答を表形式で得るよう、プロンプトに「表にしてください。」を加筆します。もちろん、回答を表形式で欲しい旨なら、他の文言でも構いません。

```
=AI.LIST("静岡県の主要都市とそれぞれの人口を教えてください。表にしてください。")
```

すると、画面8のように、都市名がA列、人口がB列に入力・表示されます。ただし、1行目には表の見出しが自動で追加されています。

画面8　都市名と人口で列を分けられた

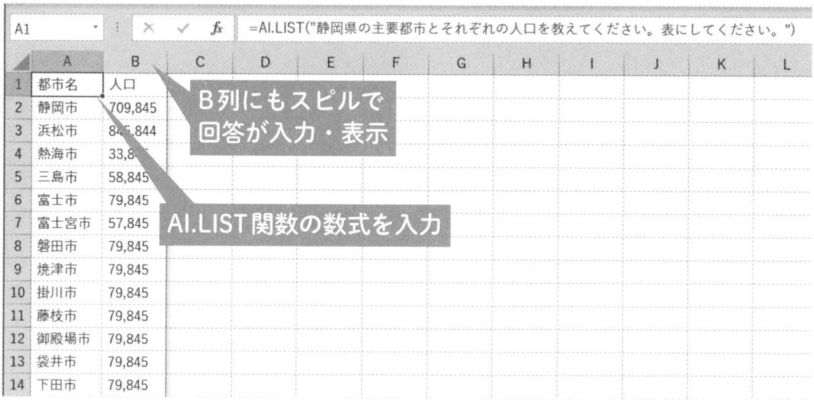

A1　=AI.LIST("静岡県の主要都市とそれぞれの人口を教えてください。表にしてください。")

	A	B
1	都市名	人口
2	静岡市	709,845
3	浜松市	84[illegible],844
4	熱海市	33,8[illegible]
5	三島市	58,845
6	富士市	79,845
7	富士宮市	57,845
8	磐田市	79,845
9	焼津市	79,845
10	掛川市	79,845
11	藤枝市	79,845
12	御殿場市	79,845
13	袋井市	79,845
14	下田市	79,845

B列にもスピルで回答が入力・表示

AI.LIST関数の数式を入力

これがスピル機能によって、行方向（下方向）のみならず、列方向（右方向）にも、隣に続くセルに、複数のデータを入力・表示する例です。数式を入力したのはA1セルだけですが、B列にも回答のデータが入力・表示されています。

なお、画面8の見出し行や画面6の連番、画面1の「・」を取り除いた状態で回答を得たい場合、筆者環境で試した限り、残念ながらプロンプトの調整だけでは難しいのが現状です。別の方法で対処するしかありません。その一例をChapter04 02で紹介します。

AI.LIST関数でセルの値をプロンプトに参照させるには

さらにAI.LIST関数はAI.ASK関数と同じく、省略可能な第2引数があり、指定したセルの値をプロンプトに参照させて利用できます。

第2引数を使う場合の書式は以下です。使い方も指定方法もAI.ASK関数と同じです。引数名も同じ「value」です。

書式

```
=AI.LIST(プロンプト,セル番地)
```

例をお見せしましょう。画面9では、A1セルに以下のユーザーレビューの文章が入力してあるとします。

> 風が心地よく、静かなので快適に過ごせます。ただ、角度調整が少し固いです。

このレビュー文章からポジティブな言葉を抽出し、A3セル以降に入力・表示したいとします。その際、ポジティブな言葉ひとつごとに、1つのセルに入力・表示するとします。

その場合、A3セルにAI.LIST関数の数式を入力します。そして、第2引数を利用します。プロンプトの例は以下です。

> 次のレビューからポジティブな言葉を抽出してください。リストにしてください。

数式は以下になります。

```
=AI.LIST("次のレビューからポジティブな言葉を抽出してください。リストにしてください。",A1)
```

第2引数には、目的のレビュー文章が入っているA1セルを指定します。そして、第1引数に指定するプロンプトでは、第2引数に指定したA1セルを参照させるため、冒頭には「次のレビューから」のように、「次の」という文言を記述しています。この「次の」の使い方もAI.ASK関数の第2引数と全く同じです。

もし、第1引数だけしか使わないと、レビュー文章自体もプロンプトに含めなければならず、非常に長くてわかりづらいものになってしまうでしょう。第2引数を使うことで、A1セルを参照するだけで済むようにできたのです。

上記数式をA3セルに入力し、確定・実行すると画面9の結果が得られます。

画面9　A3セル以降にポジティブな言葉が得られた

A3　=AI.LIST("次のレビューからポジティブな言葉を抽出してください。リストにしてください。",A1)

	A
1	風が心地よく、静かなので快適に過ごせます。ただ、角度調整が少し固いです。
2	
3	- 風が心地よい
4	- 静か
5	- 快適
6	

A3セルにAI.LIST関数の数式を入力

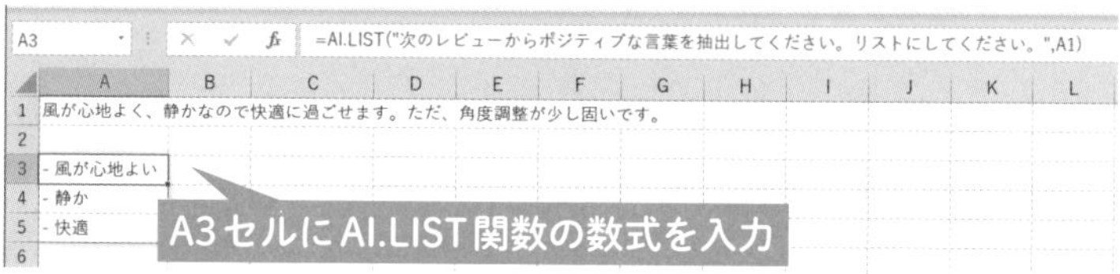

筆者環境では、画面9の3つのポジティブな言葉が抽出されました。その際、各言葉の前には「-」が自動で付けられました。

なお、プロンプトの後半の「リストにしてください。」がないと、抽出したポジティブな言葉がリスト形式で得られないため、A3セル内だけに3つまとめて「、」区切りで入力・表示されます。このあたりのプロンプトの調整も、自分でいろいろ試すとよいでしょう。

ついでに、C3セルにネガティブな言葉を抽出してみましょう。数式は以下です。プロンプト内の文言「ポジティブ」を「ネガティブ」に変更しただけです。実行結果は画面10です。

```
=AI.LIST("次のレビューからネガティブな言葉を抽出してください。リストにしてください。",A1)
```

画面10　C3セル以降にネガティブな言葉が得られた

C3　=AI.LIST("次のレビューからネガティブな言葉を抽出してください。リストにしてください。",A1)

	A	B	C
1	風が心地よく、静かなので快適に過ごせます。ただ、角度調整が少し固いです。		
2			
3	- 風が心地よい		- 少し固い
4	- 静か		- 快適ではない
5	- 快適		
6			

C3セルにAI.LIST関数の数式を入力

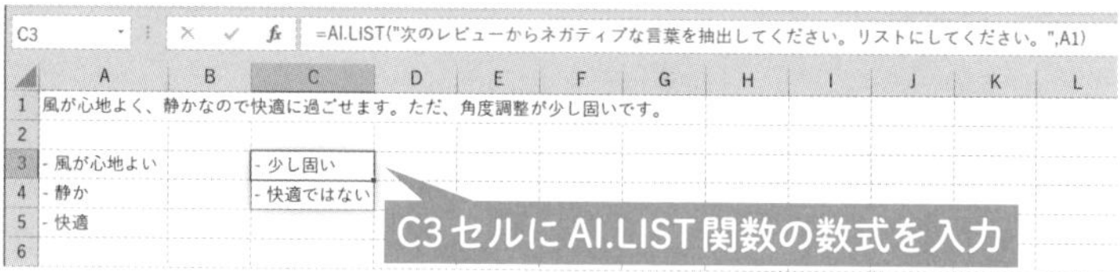

AI.LIST関数の基本的な使い方は以上です。

なお、AI.ASK関数同様に、省略可能な第3～5引数もありますが、通常は第1引数と第2引数の2つだけで問題ありません。第3引数については、本節末コラムで簡単に紹介します。第4～第5引数の解説は、本書では割愛します。

本節の例でおわかりのとおり、AI.LIST関数は複数の回答を個々のセルに入力・表示できるため、Excelとの相性がよい関数と言えます。他にも例えば、次の数式および画面11のような使い方もできます（列幅を手動で調整しています）。株主総会の想定問答集作成の例です。

画面11　AI.LIST関数のその他の例

A1　=AI.LIST("株主総会の想定問答集を作成してください。表にしてください。")

	A	B
1	問題	回答
2	株主総会はいつ開催されますか？	今年の6月15日に開催されます。
3	株主総会の場所はどこですか？	東京都港区の会議室で開催されます。
4	株主総会では何を話し合いますか？	会社の経営状況、決算状況、株主権利などを話し合います。
5	株主総会に参加するためには何が必要ですか？	株主証明書を持参してください。
6		

この例では、下記の数式をA1セルに入力しています。

```
=AI.LIST("株主総会の想定問答集を作成してください。表にしてください。")
```

すると、想定の質問（問題）がA列、その回答がB列に得られました。列見出しも自動で付けられました。画面11の結果は、日付や場所は架空のものであり、書き換える必要はありますが、全くのゼロから作成するよりは効率的でしょう。

AI.LIST関数は他にもアイディア次第でさまざまな使い方できます。自分の業務でのニーズなどに応じて活用しましょう。

Column

AI.ASK関数とAI.LIST関数の第3引数

AI.ASK関数とAI.LIST関数には、省略可能な第3引数があります。引数名は「temperature」です。回答のランダムさを指定する引数であり、0から1までの数値（小数含む）で指定します。0が最もランダムさが小さく、同じプロンプトに対して、毎回ほぼ同じ回答が得られます（ChatGPTの仕組み上、毎回必ず全く同じ回答にはなりません）。1が最もランダムさが大きく、同じプロンプトに対して、何通りもの回答が得られます。デフォルトは0であり、省略すると、0を指定したと見なされます。

この第3引数の使いどころですが、例えば商品のキャッチコピーを考える業務で、なるべく多くの案をChatGPTで出したいケースです。その場合、第3引数に1を指定することで、何通りものキャッチコピー案を得られます。具体的な数式の例が以下です。

```
=AI.LIST("豚骨ラーメンのキャッチコピーを3つ考えてください。",,1)
```

AI.LIST関数を使い、第1引数に以下のプロンプトを指定しています。第2引数は今回使わないので、「,」のみを記述します（Excelの関数では、目的の引数より前の引数を省略する場合、「,」のみを記述します）。そして、第3引数に1を指定して、ランダムさを最大にしています。実行結果の例が以下の画面です。再計算する度に、さまざまなキャッチコピーが得られます。

画面　AI.LIST関数の第3引数に1を指定した例

A1　=AI.LIST("豚骨ラーメンのキャッチコピーを3つ考えてください。",,1)

	A	B	C	D	E	F	G
1	1.豚骨の香りと濃厚な味で究極のラーメンへ！						
2	2.今回豚骨を詰め込んだ、特別な一杯！						
3	3.豚の香りで味わう、想像を越えるラーメン！						
4							

Chapter03

ChatGPT for Excelの残り4つのChatGPT関数

入力済みデータから予測して入力

ChatGPT for ExcelのChatGPT関数は前節までに、AI.ASK関数とAI.LIST関数の2つを解説しました。実際に業務で利用するのは、この2つがメインになるかと思います。

本節では、残り4つの「AI.FILL」関数、「AI.FORMAT」関数、「AI.EXTRACT関数」、「AI.TRANSLATE」関数について、基本的な使い方を紹介します。いずれも関数もこれまでと同じく、回答は人によるファクトチェックが必須です。回答が誌面と異なる場合も多々あります。

また、本節で使用するExcelブックはダウンロードファイルに用意しておきました。どのChatGPT関数でどのブックを使用するのかは、ダウンロードファイルに同梱のReadme.txtをご覧ください。

それでは、残り4つのChatGPT関数の解説を始めます。AI.FILL関数、AI.FORMAT関数、AI.EXTRACT関数、AI.TRANSLATE関数の順で解説します。

AI.FILL関数は、入力済みデータから予測して入力する関数です。データが途中まで入力されている表に対して使います。入力済みデータをサンプルとして、法則性などから残りのデータを予測し、表の未入力のセルに自動入力して埋めてくれます。

具体的にどのような機能なのか、どう使えばよいのか、実例で解説しましょう。

画面1の通り、国名と国名コードの表があるとします。国名コードとは、国名を大文字アルファベット2文字で表したものです。例えばアメリカなら「US」、スペインなら「ES」です。国名の英語表記から、アルファベット2文字を抜粋した形式です。

画面1　AI.FILL関数の例に用いる表

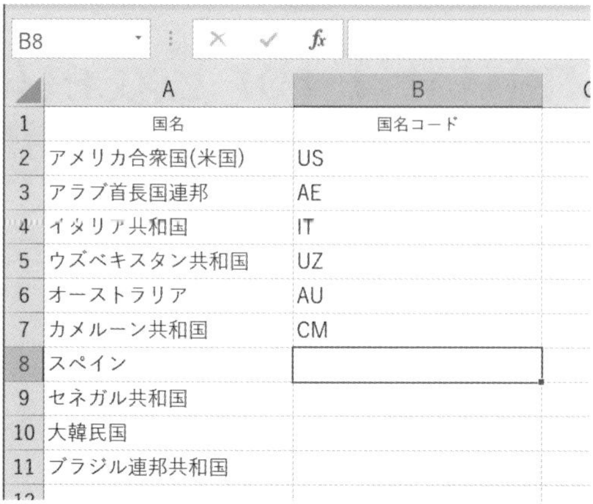

B8

	A	B
1	国名	国名コード
2	アメリカ合衆国(米国)	US
3	アラブ首長国連邦	AE
4	イタリア共和国	IT
5	ウズベキスタン共和国	UZ
6	オーストラリア	AU
7	カメルーン共和国	CM
8	スペイン	
9	セネガル共和国	
10	大韓民国	
11	ブラジル連邦共和国	

画面1の表では、A列には国名、B列には国名コードを入力します。1行目は見出しとして、データは2行目以降に入力します。A列にはA11セルまで、計10ヵ国の国名が入力してあります。そして、B列の国名コードは、B7セルまでを入力済みとします。

ここでAI.FILL関数を利用し、国名コードが未入力の残り4つのセルであるB8～B11セルに、国名コードを自動で入力したいとします。

AI.FILL関数の書式は以下です。

書式

=AI.FILL(サンプルのセル範囲,予測元のセル範囲)

第1引数には、予測のサンプルとなるデータが入ったセル範囲を指定します。第2引数には、予測の元となるデータが入ったセル範囲を指定します。これら2つの引数の関係のイメージは図1です。

図1　AI.FILL関数の2つの引数のイメージ

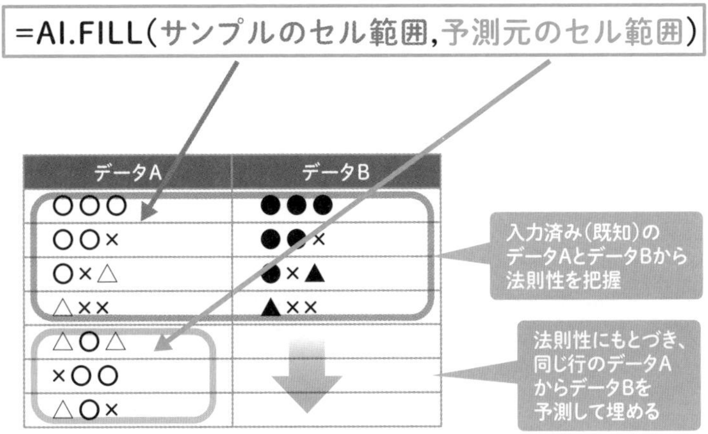

このイメージだけだと、両引数を結局どう指定すればよいのか、今ひとつわかりづらいかと思いますので、このあとすぐ、画面1の例にもとづいた具体的な例で改めて解説および図解します。

なお、AI.FILL関数には省略可能な第3引数もありますが、解説は割愛します。通常はこの2つの引数で問題ありません。

それでは、上記書式にしたがい、今回の例で必要となるAI.FILL関数の数式を考えましょう。

第1引数には、サンプルのセル範囲を入力するのでした。画面1を見ると、国名コードはB2セルからB7セルまで入力済みです。第1引数に指定するセル範囲は、このB2～B7セルに加え、国名が入力されているA2～A7セルも含める必要があります。国名と、それに対応する国名コードの2つがセットとなって、はじめてサンプルとなるのです。したがって、第1引数には、A2～B7セルを指定します。

第2引数には、予測元のセル範囲を指定するのでした。今回の例では、B8～B11セルに未入力の国名コードを自動入力したいのでした。その元となる国名は、同じ行のA8～A11セルに入力してあるのでした。よって、第2引数には、A8～A11セルを指定します。

以上を踏まえると、目的のAI.FILL関数の数式は以下とわかります。

```
=AI.FILL(A2:B7,A8:A11)
```

これで目的の数式がわかりましたが、どのセルに入力すればよいでしょうか？　国名コードを自動入力したいのはB8～B11セルでした。この場合、上記数式を入力するのはB8セルです。自動入力したいセル範囲で、左上に位置するセルに入力します。すると、そのセルから下・右のセルに、予測したデータがスピル機能で入力されます。B9～B11セルには、AI.FILL関数の数式を入力しなくとも、上記数式で第2引数に指定したセル範囲に応じて、予測したデータがスピル機能によって自動で入力・表示されるのです。

ここまでに解説した2つの引数や数式の入力先を図2に改めて整理しておきます。

図2　今回の例におけるAI.FILL関数

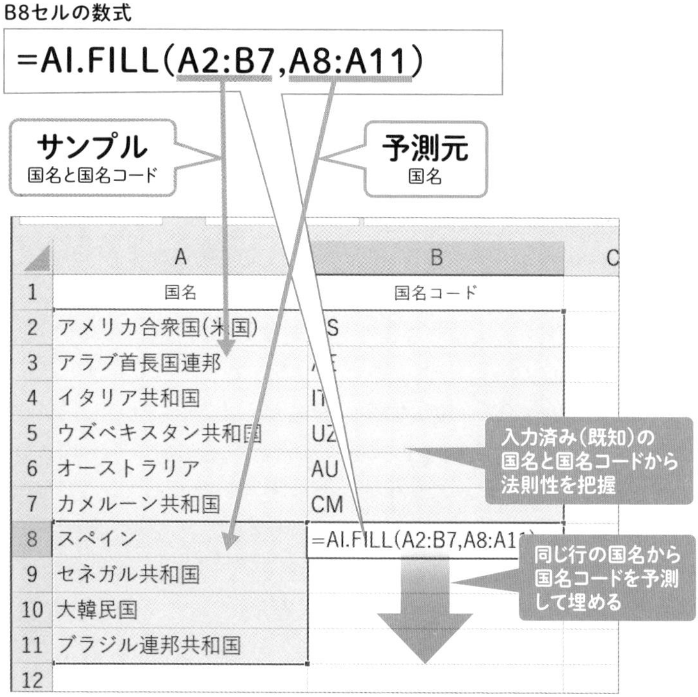

B8セルの数式

=AI.FILL(A2:B7,A8:A11)

サンプル
国名と国名コード

予測元
国名

	A	B	C
1	国名	国名コード	
2	アメリカ合衆国(米国)	US	
3	アラブ首長国連邦	AE	
4	イタリア共和国	IT	
5	ウズベキスタン共和国	UZ	
6	オーストラリア	AU	
7	カメルーン共和国	CM	
8	スペイン	=AI.FILL(A2:B7,A8:A11)	
9	セネガル共和国		
10	大韓民国		
11	ブラジル連邦共和国		
12			

入力済み（既知）の
国名と国名コードから
法則性を把握

同じ行の国名から
国名コードを予測
して埋める

上記数式をB8セルに入力している最中は画面2のように、第1引数と第2引数に指定しているセル範囲が青や赤で強調されます。目的のセル範囲を間違えなく指定できているか確認しましょう。

画面2　2つの引数の指定先を入力中に確認

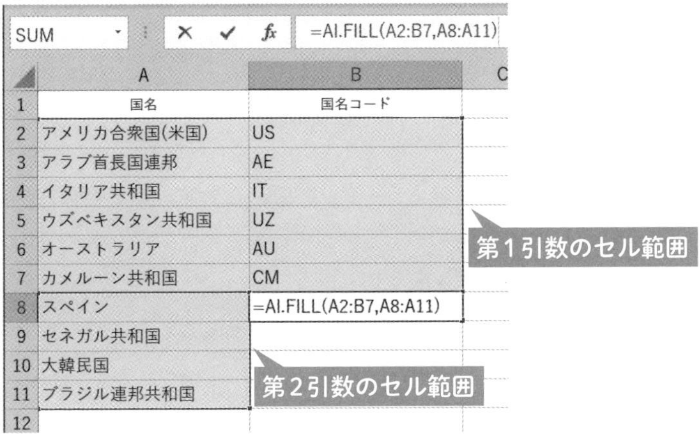

SUM　=AI.FILL(A2:B7,A8:A11)

	A	B
1	国名	国名コード
2	アメリカ合衆国(米国)	US
3	アラブ首長国連邦	AE
4	イタリア共和国	IT
5	ウズベキスタン共和国	UZ
6	オーストラリア	AU
7	カメルーン共和国	CM
8	スペイン	=AI.FILL(A2:B7,A8:A11)
9	セネガル共和国	
10	大韓民国	
11	ブラジル連邦共和国	
12		

第1引数のセル範囲

第2引数のセル範囲

数式を入力後にEnterキーで確定して実行すると、画面3のように、B8～B11に国名コードが自動入力されます。これらは第1引数に指定したA2～B7セルのサンプルにもとづいて予測し、第2引数に指定したA8～A11セルの国名に対応する国名コードになります。

画面3　未入力の国名コードが埋められた

B8　=AI.FILL(A2:B7,A8:A11)

	A	B
1	国名	国名コード
2	アメリカ合衆国(米国)	US
3	アラブ首長国連邦	AE
4	イタリア共和国	IT
5	ウズベキスタン共和国	UZ
6	オーストラリア	AU
7	カメルーン共和国	CM
8	スペイン	ES
9	セネガル共和国	SN
10	大韓民国	KR
11	ブラジル連邦共和国	BR
12		

テキストをさまざまな形式に変換

AI.FORMAT関数は、テキストを指定した形式に変換する関数です。書式は以下です。

書式

```
AI.FORMAT(値,形式)
```

第1引数には、変換したい値（データ）を指定します。第2引数には、目的の形式を文字列として指定します。

具体例を画面4の通り紹介します。

画面4　AI.FORMAT関数の例

B1 　=AI.FORMAT(A1,"カタカナ")

	A	B
1	Excel	エクセル
2	明日、あなたの会社に行きます。	明日、あなたの会社に訪問させていただきます。
3	0.75	75%
4	123456789	一億二千三百四十五万六千七百八十九

A1 ～ A4セルには変換元の値として、各種文字列や数値が入力してあります。それらをB1 ～ B4セルにて、指定した形式にAI.FORMAT関数で変換しています。

B1 ～ B4セルにてそれぞれ変換した形式と数式は次の通りです。変換したい形式は、AI.FORMAT関数の第2引数に文字列として、「"」で囲んで直接指定しています。

B1セル

・変換元の値　　：　Excel
・変換したい形式：　カタカナ
・数式：

```
=AI.FORMAT(A1,"カタカナ")
```

B2セル

・変換元の値　　：　明日、あなたの会社に行きます。
・変換したい形式：　敬語

・数式：

```
=AI.FORMAT(A2,"敬語")
```

B3セル

・変換元の値　　：　0.75
・変換したい形式：　パーセント
・数式：

```
=AI.FORMAT(A3,"パーセント")
```

B4セル

・変換元の値　　：　123456789
・変換したい形式：　漢字の単位を付けた数値
・数式：

```
=AI.FORMAT(A4,"漢字の単位を付けた数値")
```

変換した結果は画面4のB1 ～ B4セルのとおりです。

B1セルではアルファベットの単語をカタカナに変換しており、「Excel」を「エクセル」に正しく変換できています。

B2セルでは、文章を敬語に変換しています。元の文章内の「行きます。」が「訪問させていただきます。」と敬語に変換できています。一方、「あなたの会社」は「御社」に変換してほしいところですが、筆者環境での結果は残念ながら変換されませんでした。

B3セルは第1引数に数値を指定した例です。テキストのみならず、数値でも使えます。ここでは小数をパーセントの形式に変換しています。

B4セルは参考までに紹介した例です。桁数の多い数値に対して、「億」や「万」などの日本語の単位を付けるよう変換を試みました。確かに単位の漢字は付けられましたが、数値がすべて漢字に変換され、かえって読みづらくなってしまいました。また、他の数値で試すと、誤って単位を付けられることもしばしばありました。今後の精度向上に期待したいところです。

特定のタイプのデータを抽出

AI.EXTRACT関数はテキストの中から、特定のタイプのデータを抽出する関数です。書式は以下です。

書式

```
AI.EXTRACT(値,タイプ)
```

第1引数には、目的のテキストを指定します。第2引数には、抽出したいデータのタイプを文字列として指定します。

AI.EXTRACT関数の機能や使い方は、具体例を見た方が早く理解できるでしょう。ここで、具体例を画面5の通り紹介します。

画面5　AI.EXTRACT関数の例

B3　=AI.EXTRACT(A1,A3)

	A	B	C	D	E	F	G
1	マイクロソフトのExcelはアメリカや日本をはじめ、世界中で使われています。						
2							
3	企業名	マイクロソフト					
4	商品名	Excel					
5	国名	アメリカ、日本					

A1セルに元の文章の文字列が入力してあります。この文章中からAI.EXTRACT関数によって、指定したタイプのデータをB3～B5セルに抽出しています。タイプはA3～A5セルに文字列として入力しており、それをAI.EXTRACT関数の第2引数に指定しています。第1引数には値として、元の文章が入っているA1セルを指定しています。詳細は以下のとおりです。

元のテキスト　（A1セル）

マイクロソフトのExcelはアメリカや日本をはじめ、世界中で使われています。

B3セル

・タイプ：　企業名　（A3セル）

・数式：

```
=AI.EXTRACT(A1,A3)
```

B4セル

・タイプ：　商品名　(A4セル)
・数式：

```
=AI.EXTRACT(A1,A4)
```

B5セル

・タイプ：　国名　(A5セル)
・数式：

```
=AI.EXTRACT(A1,A5)
```

B5セルでは国名として、「アメリカ」と「日本」の2つを抽出しており、両者が「、」で結ばれたかたちで取得されています。

指定した言語に翻訳

AI.TRANSLATE関数はテキストを指定した言語に翻訳する関数です。書式は以下です。

書式

```
=AI.TRANSLATE(値,言語)
```

第1引数には、翻訳元のテキストを指定します。第2引数には、翻訳先の言語を文字列として指定します。

具体例を画面6の通り紹介します。

画面6　AI.TRANSLATE関数の例

B1　=AI.TRANSLATE(A1,"英語")

	A	B	C	D	E	F
1	小麦	Wheat				
2	大豆	Soybean				
3	トウモロコシ	Corn				
4						

日本語の単語を英語に翻訳する例です。A1 ～ A3セルに翻訳元のテキストとして、日本語で穀物名が入力してあります。その英語訳をB1 ～ B3セルにAI.TRANSLATE関数で取得しています。

B1 ～ B3セルの数式は以下のとおりです。第1引数には、翻訳元のテキストが入っているA1 ～ A3セルをそれぞれ指定しています。第2引数はいずれも、翻訳先の言語である英語を「"英語"」と、文字列として直接指定しています。

B1セル

・数式：

```
=AI.TRANSLATE(A1,"英語")
```

B2セル

・数式：

```
=AI.TRANSLATE(A2,"英語")
```

B3セル

・数式：

```
=AI.TRANSLATE(A3,"英語")
```

AI.TRANSLATEは英語や日本語以外の言語でも翻訳できます。その際、第2引数の言語の指定は上記例と同じく、「"スペイン語"」など日本語でOKです。

ChatGPT for Excelのアドインの6種類のChatGPT関数の解説は以上です。

Chapter03

Excel LabsのChatGPT関数を使うには

Excel Labsのアドインを準備

本節では、Excel LabsのChatGPT関数について解説します。Excel LabsはChapter03 01で解説したように、Microsoft製のアドインです。ChatGPT関数は「LABS.GENERATIVEAI」関数の1つだけです。ChatGPT for Excelと異なり、パッケージ版のExcelでも使えるのが大きな特徴です。ただし、先述のとおり、本書執筆時点で動作確認できているバージョンはExcel 2021のみです。

まずはExcel Labsの準備方法を解説します。Excel LabsのChatGPT関数を使えるようにするには、ChatGPT for Excelと同じく、アドインを追加し、APIキーを設定する必要があります。本節で解説に用いる画面は、パッケージ版Excel 2021です。

Excelを起動して、①［挿入］タブの②［アドインを入手］をクリックしてください（画面1）。

画面1　Excel Labsのアドインを追加

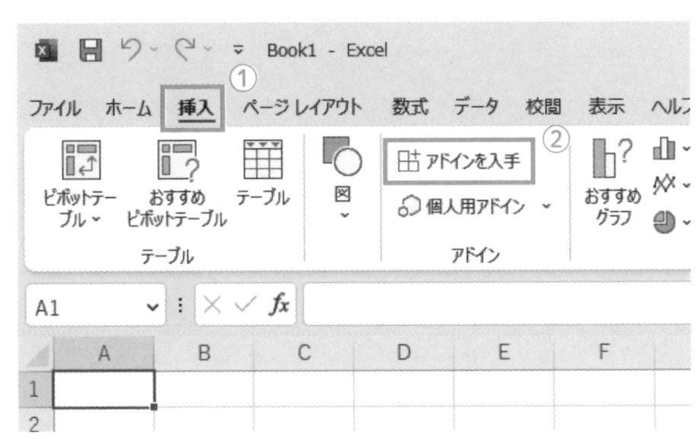

「Officeアドイン」画面が開きます（画面2）。③検索ボックスに「Excel Labs」と入力して（スペースは半角）、④［検索］（虫眼鏡アイコン）をクリックしてください。すると、検索結果の一番上にExcel Labsが表示されるので、⑤［追加］をクリックしてください。

画面2　Excel Labsを検索し［追加］をクリック

すると、「少々お待ちください」のメッセージが表示されます（画面3）。Excel Labsであることを確認したら、⑥［続行］をクリックしてください。

画面3　[続行]をクリック

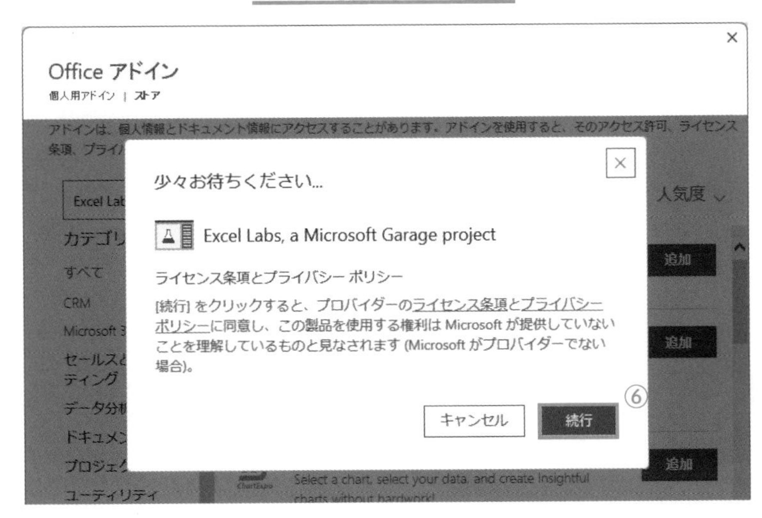

これでExcelに、Excel Labsのアドインを追加できました（画面4）。画面右側に、Excel Labsの作業ウィンドウが自動で開きます。あわせて、[ホーム]タブの右端に、Excel Labsのアイコンが追加されます。Excel Labsの作業ウィンドウをもし閉じても、このアイコンをクリックすれば、再び開くことができます。

画面4　Excel Labsのアドインを追加できた

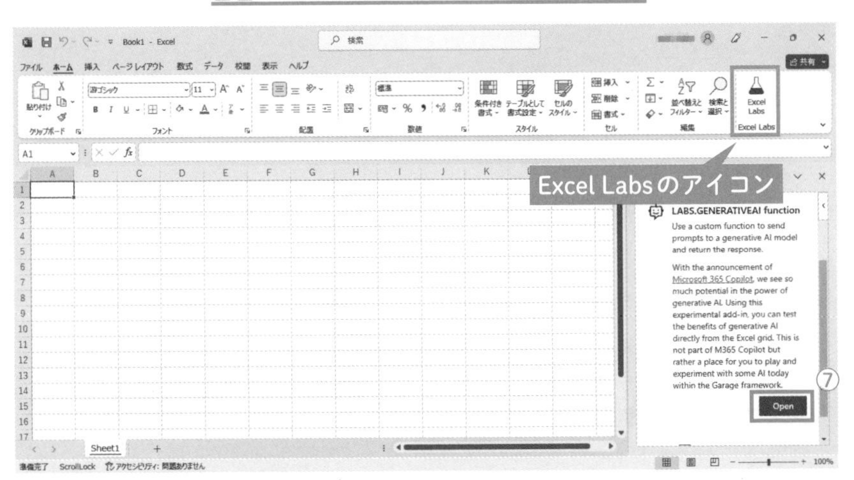

続けてAPIキーを設定しましょう。画面4にて、作業ウィンドウを下にスクロールし、「LABS.GENERATIVEAI function」と表示されている領域の下にある⑦［Open］をクリックしてください。

すると、作業ウィンドウが、APIキーを入力するボックスの画面に切り替わります（画面5）。Chapter03 02で取得・保管した自分の⑧APIキーを入力してください。

画面5　APIキーを入力

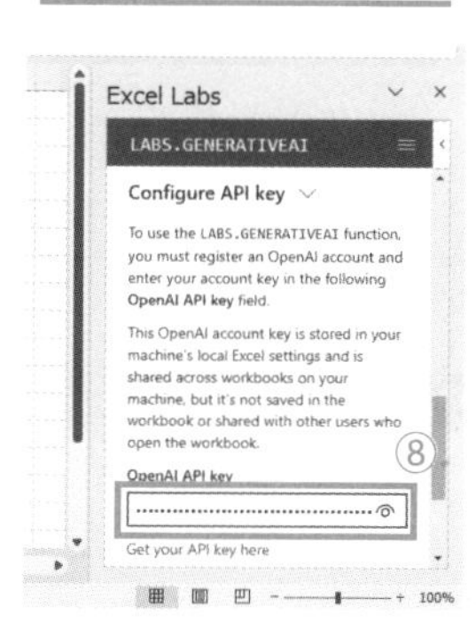

APIキーが無事認証されると、LABS.GENERATIVEAI関数が使えるようになります。適当なセルに「=LA」まで入力してください。ここではA1セルとします。すると、名前が「LA」で始まる関数が候補としてリストアップされ、その中にLABS.GENERATIVEAI関数が含まれていることが確認できます（画面6）。

画面6　LABS.GENERATIVEAI関数が使用可能になった

Excel Labsの準備は以上です。

LABS.GENERATIVEAI関数の使い方

ここからは、LABS.GENERATIVEAI関数の基本的な使い方を解説します。書式は以下です。

書式

```
=LABS.GENERATIVEAI(プロンプト)
```

質問や要望などプロンプトの文字列を引数に指定します。文字列として直接指定する方法は他の関数と同じで、目的の文言を「"」(ダブルクォーテーション)で囲みます。

LABS.GENERATIVEAI関数を実行すると、そのプロンプトに対する回答が戻り値として得られ、セルに表示されます。

例えば、次のプロンプトの回答をA1セルに得たいとします。

> 愛知県の県庁所在地を教えてください。

先ほど解説したLABS.GENERATIVEAI関数の書式にのっとると、上記のプロンプトを文字列として引数に指定します。文字列として指定するには、「"」で囲めばよいのでした。以上を踏まえると、目的のLABS.GENERATIVEAI関数の数式は以下とわかります。

```
=LABS.GENERATIVEAI("愛知県の県庁所在地を教えてください。")
```

お手元のExcelで新規ブックを開き、A1セルに上記数式を入力してください。その際、関数名の「LABS」後ろの「.」(ピリオド)を入力し忘れないように注意しましょう。また、画面6のように、「=LA」まで入力すると、名前が「LA」で始まる関数がリストアップされるので、その中からLABS.GENERATIVEAI関数をダブルクリックで入力すると、タイピングする手間を減らせ、かつ、スペルミスも防げます。

入力できたら、Enterキーを押して確定してください。すると、A1セルに「#Bビジー!」などと表示されます。これはLABS.GENERATIVEAI関数がChatGPTにプロンプトを送信し、回答を待っている間に表示されるものです。このまま少し待ってください。すると、回答がA1セルに表示されます(画面7)。

画面7　LABS.GENERATIVEAI関数の回答が得られた

A1　=LABS.GENERATIVEAI("愛知県の県庁所在地を教えてください。")

	A	B	C	D	E	F	G	H	I
1	愛知県の県庁所在地は名古屋市です。								
2									
3									

画面7では、A1セルに「愛知県の県庁所在地は名古屋市です。」と表示されています。これがLABS.GENERATIVEAI関数の引数に指定したプロンプト「愛知県の県庁所在地を教えてください。」に対するChatGPTの回答です。回答はLABS.GENERATIVEAI関数の戻り値として得られるので、上記数式によって、A1セルに表示されたのです。

なお、画面7は回答が得られたあと、再びA1セルを選択した状態です（A1セルを数式を入力し、Enterキーで確定すると、A2セルに移動します）。A1セルには回答が表示されていますが、数式バーを見ると上記数式が入力されていることが確認できます。

以上がLABS.GENERATIVEAI関数の基礎となる使い方です。なお、もし「#Bビジー！」がしばらく表示された後に「#N/A」エラーが表示されたら、インターネットに接続されていない可能性が高いので、確認しましょう。接続されていたのなら、ピーク時によるエラーの可能性が高いので、しばらく待ってから再度試してください。

Excelの便利機能も加えてパワーアップ

Chapter04

縦方向のリストの回答を横に並べ替える

Excelのさまざまな機能を組み合わせよう

本書は前章までに、ChatGPTの基本的な活用方法について、Web版とChatGPT関数それぞれで解説してきました。それらの活用方法に加えて、Excelのさまざまな機能も組み合わせると、さらに便利に、さらに活用の幅を広がります（図1）。本章では、そのノウハウを解説します。

図1　Excelの各種機能を組み合わせてより便利に

Web版ChatGPT

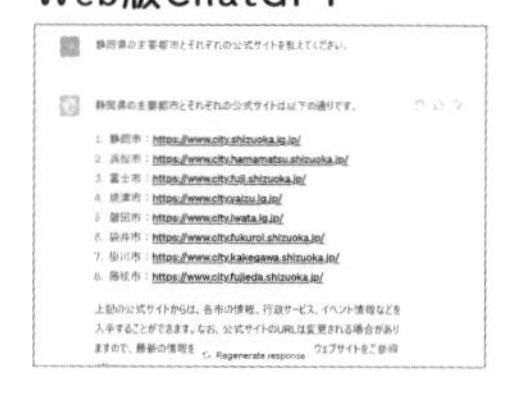

ExcelのChatGPT関数

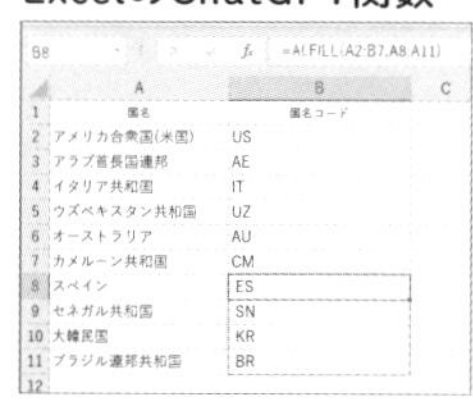

＋

Excelの機能
・関数
・演算子

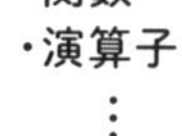

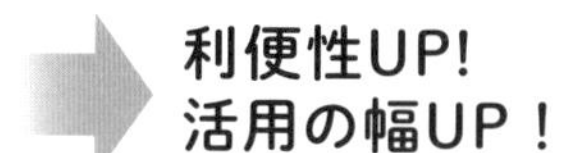

本章で使用するExcelブックはダウンロードファイルに用意しておきました。どのブックを使用するのかは、ダウンロードファイルに同梱のReadme.txtをご覧ください。

なお、本章でも前章までと同じく、ChatGPT関数を用いますが、その実行結果が読者のみなさんのお手元と誌面で異なったり、お手元で再計算した際に実行結果が変わったりする可能性があります。また、ファクトチェックは引き続き必要です。以上を踏まえ、本章を読み進めてください。

Excel標準の関数と組み合わせる

最初に本節にて、ChatGPT関数とExcel標準の関数を組み合わせるノウハウを紹介します。ChatGPT関数はアドインであり、Chapter03で体験した通り、アドインを追加しなければ使えません。一方、Excelには多彩な関数が標準で備わっています。それらExcel標準の関数を、ChatGPT関数に組み合わせて利用します。

本節ではその一例として、縦方向のリスト形式の回答を横方向に並べ替える方法を解説します。リスト形式の回答を得るChatGPT関数であるAI.LIST関数を用います。同関数はChapter03 06で基本的な使い方を解説しました。

Chapter03 06で体験したとおり、AI.LIST関数は回答がリスト形式で得られ、複数のセルに得られるのでした。その際、複数の回答は縦方向（行方向）の複数のセルに得られます。例えばA1セルにAI.LIST関数の数式を入力すると、A1セルからA2セル、A3セル・・・と縦方向のセルに回答が順に入力されていきます。

これを横方向（列方向）のセルに回答が順に入力されていくよう、Excelの他の関数と組み合わせます。具体的には「TRANSPOSE」関数です。指定したセル範囲の行と列を入れ替える関数です。ChatGPT関数ではなく、Excel標準の関数になります。

これから、AI.LIST関数とTRANSPOSE関数の組み合わせを解説していきます。そのなかで、TRANSPOSE関数の基本的な使い方も解説します。

なお、AI.LIST関数はChatGPT for ExcelのアドインのChatGPT関数であり、Excel Labsのアドインには搭載されていません。Excel LabsのユーザーはTRANSPOSE関数の利用方法をメインにお読みください。

AI.LIST関数だけだと……

それでは、解説を始めます。具体例をベースに解説します。

画面1の表があるとします。A2～A4セルに3つの県名として、「静岡県」「愛知県」「岐阜県」が入力してあります。その県の主要都市3つをB～D列の同じ行のセルにそれぞれ入力したいとします。3つの主要都市はAI.LIST関数で取得するとします。

画面1　今回の例に用いる表

	A	B	C	D
1	県	主要都市1	主要都市2	主要都市3
2	静岡県			
3	愛知県			
4	岐阜県			
5				

まずは2行目の静岡県の主要都市3つをAI.LIST関数で取得してみましょう。そのためのプロンプトは何通りか考えられますが、ここでは「静岡県の主要都市を3つ挙げてください。」とします。

このプロンプトをAI.LIST関数の引数に指定すればよいのですが、「静岡県」の部分はA2セルに入力されているので、それを使ってプロンプトを組み立てましょう。Chapter03 04で学んだように、&演算子を用います。&演算子は文字列を連結する演算子でした。もし、お忘れなら、Chapter03 04を復習しておきましょう。

A2セルの「静岡県」を使い、目的のプロンプト「静岡県の主要都市を3つ挙げてください。」を組み立てるには、&演算子を以下のように使います。

```
A2&"の主要都市を3つ挙げてください。"
```

文字列「の主要都市を3つ挙げてください。」の前にA2セルを&演算子で連結します。これで目的のプロンプトが組み立てられました。あとはAI.LIST関数の引数に指定するだけです。これで、静岡県の主要都市3つがリスト形式で得られます。

```
=AI.LIST(A2&"の主要都市を3つ挙げてください。")
```

では、上記のAI.LIST関数の数式をセルに入力しましょう。今回の例では、静岡県の主要都市はB2～D2セルに得たいのでした。よって、上記数式をB2セルに入力します。Enterキーで確定して実行すると、画面2のような結果になります。

画面2　3つの主要都市がB2～B4セルに得られた

B2　=AI.LIST(A2&"の主要都市を3つ挙げてください。")

	A	B	C	D	E	F	G	H
1	県	主要都市1	主要都市2	主要都市3				
2	静岡県	1. 静岡市						
3	愛知県	2. 浜松市						
4	岐阜県	3. 沼津市						
5								

なお、ChatGPTの性質上、読者のみなさんのお手元では、別の都市が得られたかもしれませんが、とにかく3つ得られていればOKです。また、都市名の先頭に付いた「1.」などについては、本節末で触れますので、このまま読み進めてください。

画面2では、静岡県の主要都市として、静岡市と浜松市、沼津市の3つが得られたのですが、B2～B4セルに入力されてしまいました。本来は同じ2行目のB2～D2セルに得たいのに、同じB列のB2～B4セルに得られています。

この原因は、AI.LIST関数の機能として、得られた回答は必ず縦方向（行方向）のリスト形式で返すよう決められているからです。AI.LIST関数の第2引数（省略可能）以降を調べても、横方向（列方向）で返す設定はできません。

そこで、TRANSPOSE関数の出番です。先述のとおり、指定したセル範囲の行と列を入れ替える関数でした。縦方向のリスト形式で得られたAI.LIST関数の回答を、TRANSPOSE関数で横方向に並べ替えるのです。

TRANSPOSE関数のキホンを知ろう

読者のみなさんの中には、TRANSPOSE関数を使ったことがない方も多いかと思いますので、ここで基本的な使い方を簡単に解説します。TRANSPOSE関数のみを使い、空いているセルを一時的に使って練習します。

TRANSPOSE関数の書式は以下です。

書式

=TRANSPOSE(配列)

引数の「配列」は馴染みない用語かと思います。「配列とは、セル範囲のこと」という認識で実用上問題ありません。例えばA1～B4セルなど、通常のワークシート上のセル範囲のことです。

加えて、引数「配列」には、スピルのセル範囲も指定できます。一体どういうことなのか、画面1の表で実際に試してみましょう。

まずはスピルのおさらいとして、TRANSPOSE関数は使わず、スピルだけ使います。3つの県名が入力されているA2～A4セルを、セル参照によってA7～A9セルに取得・表示するとします。その際にスピルを使い、以下の数式をA7セルに入力してください。

A7セル

```
=A2:A4
```

すると、画面3のように、A2～A4セルの3つの県名がA7～A9セルにセル参照で取得・表示されます。上記数式を入力したのはA7セルだけですが、スピルによって、A9セルまで値が得られています。参照元のA2～A4セルは3つの県名のセルが縦方向に並んでいるため、それを参照した結果がA7～A9セルも同様に縦方向に並びます。

画面3　A2～A4セルの値を参照で取得・表示

A7 | =A2:A4

	A	B	C	D
1	県	主要都市1	主要都市2	主要都市3
2	静岡県	1. 静岡市		
3	愛知県	2. 浜松市		
4	岐阜県	3. 沼津市		
5				
6				
7	静岡県			
8	愛知県			
9	岐阜県			
10				

これらA7～A9セルに縦方向に並んでいる県名のセルをTRANSPOSE関数によって、横方向に並べ替えてみましょう。TRANSPOSE関数の引数「配列」には、参照先のセル範囲を指定します。この例ならA2～A4セルです。

では、A7セルの数式を次のように変更してください。

A7セル

変更前

```
=A2:A4
```

変更後

```
=TRANSPOSE(A2:A4)
```

変更すると画面4のように、横方向に並べ変わります。数式を入力したA7セルは「静岡県」ですが、その右隣のB7セルに「愛知県」、さらにその右隣のC7セルに「岐阜県」が取得・表示されました。画面3では、スピルで縦方向に並んでいた3つの県名が、横方向に並べ替えられました。

画面4　3つの県名を横方向に並べ替えられた

A7　=TRANSPOSE(A2:A4)

	A	B	C	D	E	F
1	県	主要都市1	主要都市2	主要都市3		
2	静岡県	1. 静岡市				
3	愛知県	2. 浜松市				
4	岐阜県	3. 沼津市				
5						
6						
7	静岡県	愛知県	岐阜県			
8						

TRANSPOSE関数の基本的な使い方は以上です。

関数の戻り値のスピルのセルも並べ替えられる

TRANSPOSE関数の引数「配列」には、先ほどの例のような通常のセル範囲のスピルだけでなく、関数の戻り値のスピルも指定できます。AI.LIST関数やXLOOKUP関数のような関数では、戻り値として複数のセルをスピルで返しますが、そのスピルのセル範囲もTRANSPOSE関数の引数「配列」に指定できるのです。

このTRANSPOSE関数の機能を使い、B2セルのAI.LIST関数の回答を並べ替えます。現時点では、静岡県の主要都市3つがB2～B4セルと縦方向に並んでいるのを、B2～D2セルの横方向に並び替えます。

現在のB2セルの数式は以下でした。

B2セル

```
=AI.LIST(A2&"の主要都市を3つ挙げてください。")
```

このAI.LIST関数の戻り値として得られるリスト形式の回答をTRANSPOSE関数で並べ替えます。上記数式のAI.LIST関数の部分を、TRANSPOSE関数の引数に丸ごと指定します。その数式は以下になります。

```
=TRANSPOSE(AI.LIST(A2&"の主要都市を3つ挙げてください。"))
```

これで、静岡県の主要都市3つを縦方向から横方向に並べ替えられます。では、B2セルの数式を上記のとおり変更してください。

B2セル

変更前

```
=AI.LIST(A2&"の主要都市を3つ挙げてください。")
```

変更後

```
=TRANSPOSE(AI.LIST(A2&"の主要都市を3つ挙げてください。"))
```

変更すると画面5のように、静岡県の主要都市3つが横方向に並べ替えられ、B2～D2セルに取得・表示されます。

画面5　主要都市3つを横方向に並べ替えられた

B2　=TRANSPOSE(AI.LIST(A2&"の主要都市を3つ挙げてください。"))

	A	B	C	D	E	F	G	H	I	J
1	県	主要都市1	主要都市2	主要都市3						
2	静岡県	1. 静岡市	2. 浜松市	3. 沼津市						
3	愛知県									
4	岐阜県									
5										

続けて、3行目の愛知県と4行目の岐阜県についても、同様の数式で主要都市3つを横方向に取得・表示しましょう。B2セルの数式をB3～B4セルにオートフィルなどでコピーするだけでOKです。

なぜなら、プロンプトの県名の部分がA列のセル参照となっているからです。上記数式では「A2」と指定しています。相対参照であり、行は固定していないので、3行目（B3セル）にコピーしたらA3セル、4行目（B4セル）にコピーしたらA4セルと、適切な行番号に自動で変化します。列も固定していませんが、行方向にしかコピーしないため、変化しないので問題ありません。

コピーすると、愛知県の主要都市3つがB3～D3セル、岐阜県の主要都市3つがB4～D4セルに取得・表示されます（画面6）。

画面6　残り2県も主要都市3つが横方向に得られた

B4　=TRANSPOSE(AI.LIST(A4&"の主要都市を3つ挙げてください。"))

	A	B	C	D	E	F	G	H	I	J
1	県	主要都市1	主要都市2	主要都市3						
2	静岡県	1. 静岡市	2. 浜松市	3. 沼津市						
3	愛知県	1. 名古屋市	2. 豊橋市	3. 岡崎市						
4	岐阜県	1. 岐阜市	2. 大垣市	3. 高山市						
5										

本節では、ChatGPT関数とExcel標準の関数の組み合わせとして、AI.LIST関数とTRANSPOSE関数の例を紹介しました。他にもさまざまな組み合わせが考えられるので、いろいろ試してみましょう。

さて、本節の例で得られた3つの主要都市は先述のとおり、都市名の先頭には「1. 」など、「<連番>. 」の形式の文字列が付いています。連番も「.」（ピリオド）も半角であり、そのうしろに半角スペースが続きます。

この「<連番>. 」がない状態で回答を得たいところですが、AI.LIST関数の引数に指定するプロンプトの内容を調整しても、なかなか難しいのが現状です。例えば、表形式で返すようプロンプトに追記すると、「<連番>. 」はなくなりますが、表の見出しが追加されてしまいます。

このようなケースでは、AI.LIST関数の回答を、Excelの各種機能で加工することで、「<連番>. 」を取り除く、というアプローチが現実的です。その基礎を次節で解説します。

Chapter04

回答から余計な文字列を取り除く

置換機能を利用して取り除く

本節では、ChatGPT関数の回答から、余計な文字列を取り除く方法をいくつか紹介します。前節の例では、AI.LIST関数で得られた都市名の先頭に、「<連番>.」の形式で余計な文字列が付いていました。そのような文字列を取り除きます。

アプローチとしては、以下の2通りがあります。

【アプローチ1】 値で数式を上書きしてから取り除く
【アプローチ2】 数式のまま取り除く

1つ目の【アプローチ1】は、まずはChatGPT関数の結果の値で数式を上書きし、セルの中身を数式でなく、その関数の結果の値に変えてから、余計な文字列を取り除くというアプローチです。結果で数式を上書きする方法は、Chapter03 05の【節約方法1】で紹介しました（104ページ）。

さっそく具体的な方法を見てみましょう。なお、AI.LIST関数が使えないExcel Labsアドインのユーザーは、この方法はLABS.GENERATIVEAI関数の回答にも使えるので、やり方だけ把握してください。

前節の例を引き続き用いるとします。前節の例はこのあとの【アプローチ2】でも使うので、数式を上書きする前に、必ずブックをコピーして別途保管しておいてください。

最初にChatGPT関数の結果で数式を上書きします。前節の例では、B2～B4セルにAI.LIST関数とTRANSPOSE関数を組み合わせた数式を入力し、回答の3つの主要都市をB2～D4セルに取得・表示していたのでした。そのB2～D4セルに、余計な文字列「<連番>.」が先頭に付いていたのでした。

では、B2～D4セルを選択し、［ホーム］タブの［コピー］などで、クリップボードにコピーしてください（画面1）。

画面1　B2 ～ D4セルをクリップボードにコピー

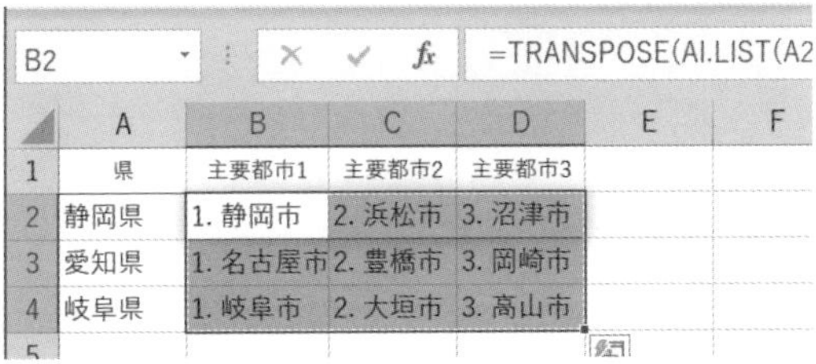

B2　=TRANSPOSE(AI.LIST(A2

	A	B	C	D	E	F
1	県	主要都市1	主要都市2	主要都市3		
2	静岡県	1. 静岡市	2. 浜松市	3. 沼津市		
3	愛知県	1. 名古屋市	2. 豊橋市	3. 岡崎市		
4	岐阜県	1. 岐阜市	2. 大垣市	3. 高山市		

その選択範囲まま、［ホーム］タブの［貼り付け］の下の［▼］をクリックし、「値の貼り付け」以下の［値］をクリックするなどし、値のみを貼り付けてください。右クリックメニューからでも構いません。

すると画面2のように、B2 ～ D4セルの中身がAI.LIST関数などの数式から、関数の結果の値に変わります。数式バーを見れば、そのことが確認できます。

画面2　B2 ～ D4セルを数式から値に変更できた

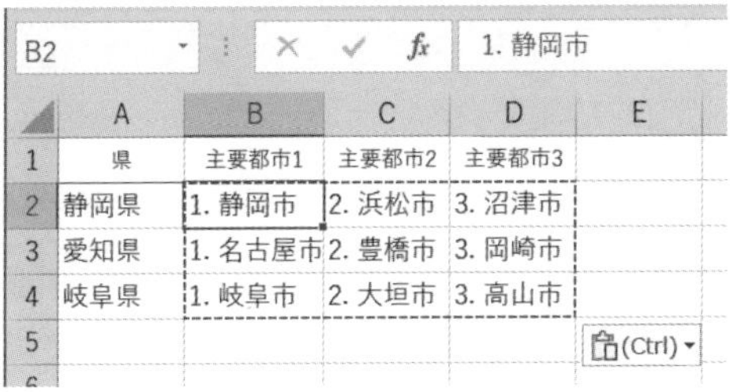

B2　1. 静岡市

	A	B	C	D	E
1	県	主要都市1	主要都市2	主要都市3	
2	静岡県	1. 静岡市	2. 浜松市	3. 沼津市	
3	愛知県	1. 名古屋市	2. 豊橋市	3. 岡崎市	
4	岐阜県	1. 岐阜市	2. 大垣市	3. 高山市	
5					(Ctrl)

このようにセルの中身を値に変更した状態で、余計な文字列「<連番>. 」を取り除きます。やり方は何通りかありますが、ここではわかりやすさを優先し、Excelの置換機能を用います。取り除きたい文字を、空の文字に置換することで取り除くのです。

その手順は、B2 ～ D4セルを選択した状態で、［ホーム］タブの［検索と選択］（虫眼鏡アイコン）→［置換］をクリックし、「検索と置換」ダイアログボックスの①［置換］タブを開きます（画面3）。ショートカットキーの Ctrl + H でも開くことができます。

画面3 「検索と置換」ダイアログで置換

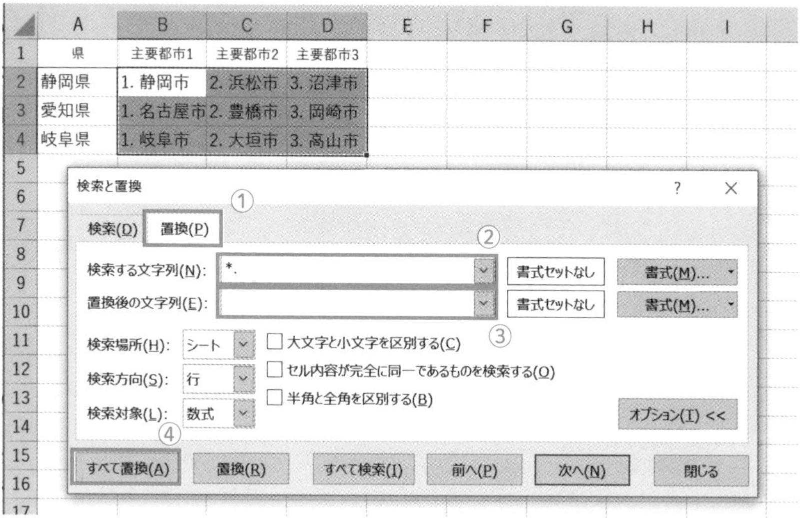

②「検索する文字列」ボックスには、置換対象となる文字列を指定します。ここでは、次のように入力してください。「*」(半角アスタリスク)と「.」(半角ピリオド)と半角スペースの3文字です。

*.␣ 半角スペース

「*」は任意の文字列を意味する特別の記号です。専門用語で「ワイルドカード」と呼ばれます。今回は「<連番>. 」の形式の文字列を取り除くのでした。「<連番>」の部分は1や2や3が入ります。そこでワイルドカードを使うことで、連番部分を任意の文字列として、任意の文字列に「. 」が続く文字列を置換対象に指定したのです。

なお、ワイルドカードは置換対象の文字列の先頭だけでなく、中間や末尾にも指定できます。また、同じ文字列の中に複数指定することも可能です。

③「置換後の文字列」には、置き換える文字列を指定します。今回は空の文字列に置換したいので、何も入力せず、空欄のままにします。

最後に④[すべて置換]をクリックしてください。すると画面4のように、余計な文字列「<連番>. 」がすべて取り除かれます。

画面4　「<連番>.」がすべて削除された

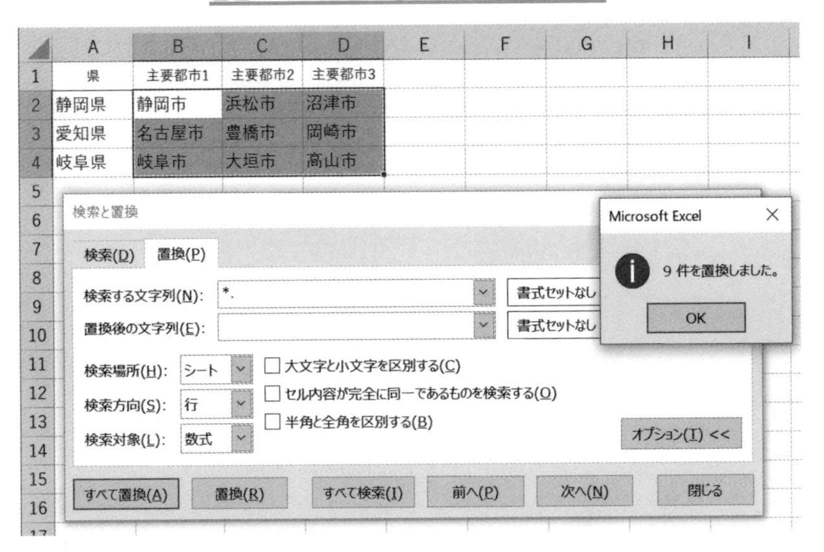

置換すると、「9件を置換しました」というメッセージが表示されるので、[OK]をクリックして閉じてください。続けて、「検索と置換」ダイアログボックスも[閉じる]をクリックして閉じてください。

ここでは余計な文字列を取り除くのに置換機能を利用しましたが、他にも何通りかあります。

Web版ChatGPTでも使える

余計な文字列を取り除くためにExcelの置換機能を使う方法は、ChatGPT関数だけでなく、Web版ChatGPTの結果をExcelにコピペしたものにも使えます。

例えば画面5のように、Web版ChatGPTで回答を得たとします。この都市名のリストをExcelのセルにコピペして使うとします。画面5では、都市名の先頭に「<連番>.」の形式の余計な文字列が付いています。

画面5　Web版の回答に「<連番>.」が付いた

TA　静岡県の主要都市を3つ挙げてください。

静岡県の主要都市を3つ挙げると、次のようになります：

1. 静岡市
2. 浜松市
3. 熱海市

回答の都市名の部分をExcelにコピペしたら、あとは先ほどと同じ要領で、置換機能によって「<連番>.」を取り除けばOKです（画面6～画面7）。

画面6　「*.」を空の文字列に置換

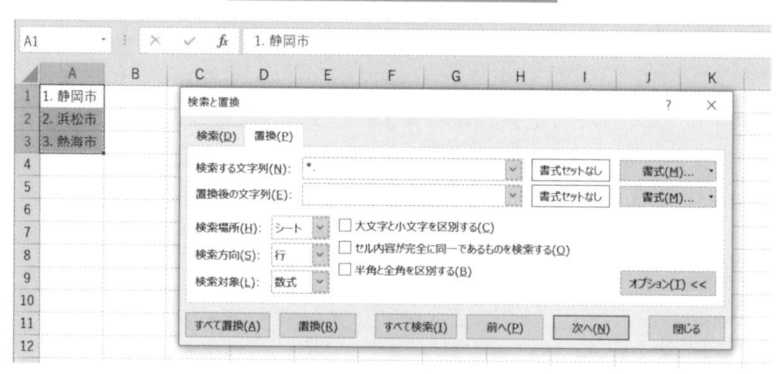

画面7　「<連番>.」を削除できた

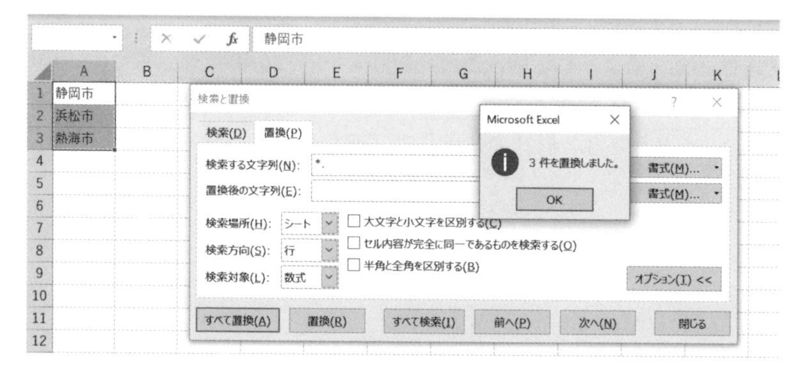

MID関数で余計な文字列を取り除く

ここからは、2つ目の【アプローチ2】である「数式のまま取り除く」の方法を解説します。ChatGPT関数の数式を残したまま、余計な文字列だけを取り除きます。言い換えると、ChatGPT関数の戻り値から余計な文字列だけを取り除きます。

このアプローチは今回の例なら、A2～A4セルの県名の変更に対応したい場合に向いています。県名を変更すると、AI.LIST関数によって、その県の主要都市が3つ得られますが（関数の自動再計算が有効化されている場合に限る）、そのタイミングで先頭の「<連番>.」を取り除けます。【アプローチ1】はそもそもAI.LIST関数の数式がなくなってしまうので、県名の変更に対応できません。

具体的な方法は何通りか考えられますが、ここでは「MID」関数を利用した方法を解説します。文字列の指定した部分を切り出すExcel標準の関数です。

MID関数を利用し、元の文字列の中から、余計な文字列を除いた部分だけを切り出します。その結果、余計な文字列を取り除けます（図1）。

図1　MID関数で余計の文字列を取り除く

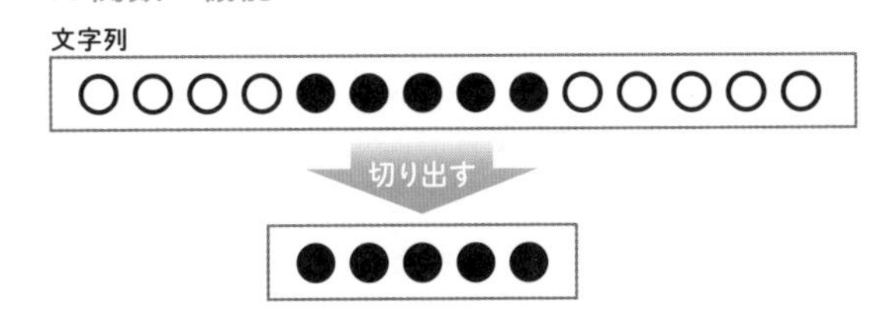

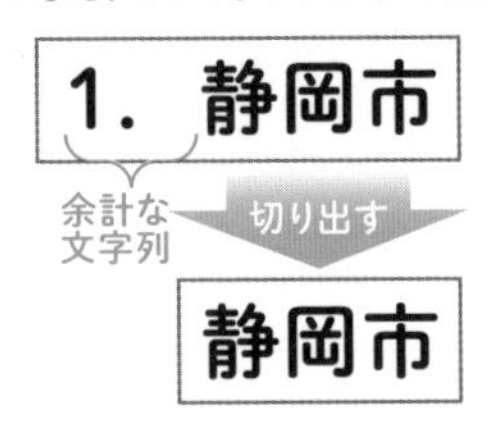

MID関数の書式は以下です。

書式

```
=MID(文字列,開始位置,文字数)
```

第1引数には、目的の文字列を指定します。第2引数には、文字列の先頭から数えて何文字目から切り出すのか、数値で指定します。第3引数には、切り出す文字数を数値で指定します。

ここで、MID関数のみの簡単な例で、基本的な使い方を紹介します。画面8のように、A1セルに「1. 静岡市」という文字列が入力されているとします。本節の例と同じ形式の文字列です。何かしらの関数の戻り値ではなく、単に文字列を入力したセルです。画面8はA1セルを選択した状態であり、数式バーを見ると、文字列「1. 静岡市」が入力されていることが確認できます。

この文字列の先頭の「1. 」を取り除きたいとします。取り除いた文字列は「静岡市」になり、B1セルに得るとします。

画面8 A1セルの値から「1. 」を取り除く

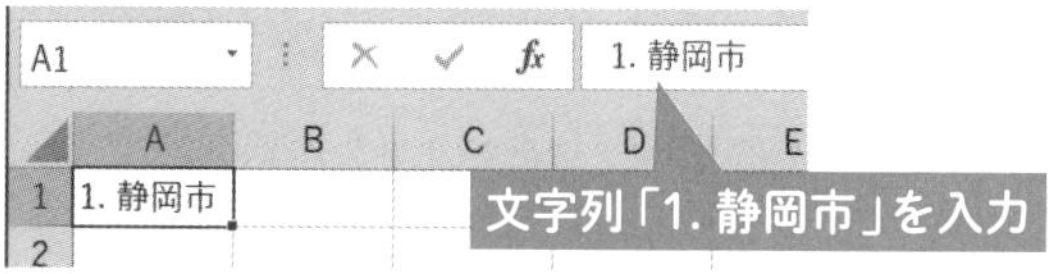

先頭の「1. 」を取り除くということは、言い換えれば、「1. 」の後ろの「静岡市」だけを切り出すことと同じです。この処理をMID関数で行います。

第1引数には、目的の文字列が入っているA1セルを指定します。

第2引数には、切り出す開始位置を指定します。「1. 」は3文字あるので(「1」と「.」と半角スペース」)、「静岡市」は4文字目から始まっています。よって、第2引数には4を指定します。

第3引数は、「静岡市」は3文字なので3を指定します。

以上を踏まえると、MID関数の数式は以下とわかります(図2)。

```
=MID(A1,4,3)
```

図2　MID関数の3つの引数

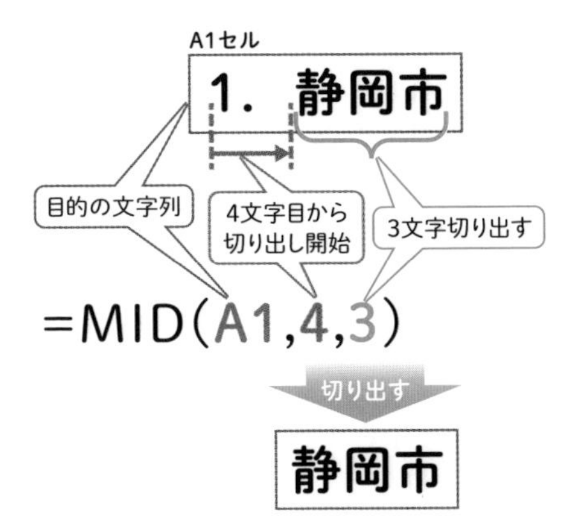

この数式をB1セルに入力します。すると画面9のように、A1セルの文字列から「1.」が取り除かれ、「静岡市」がB1セルに得られます。

画面9　「静岡市」がB1セルに切り出された

B1　=MID(A1,4,3)

	A	B	C	D	E
1	1. 静岡市	静岡市			
2					

以上がMID関数の基本的な使い方です。もう半歩進んだ使い方として、第3引数に多めの数値を指定するテクニックもあります。先ほど「静岡市」は3文字なので、第3引数に3を指定しましたが、A1セルがもっと文字数の多い都市名に変更された場合、自動で対応できるよう、多めの数値を指定するのです。

そして、第3引数の数値が切り出したい文字数を超えてしまっても、超えたぶんは無視されるので、まったく問題ありません。例えば、先ほどの数式で、第3引数を10倍の30に増やしたとします。それでも画面10のとおり、「静岡市」が問題なく切り出せています。

```
=MID(A1,4,30)
```

画面10　第3引数に30を指定した結果

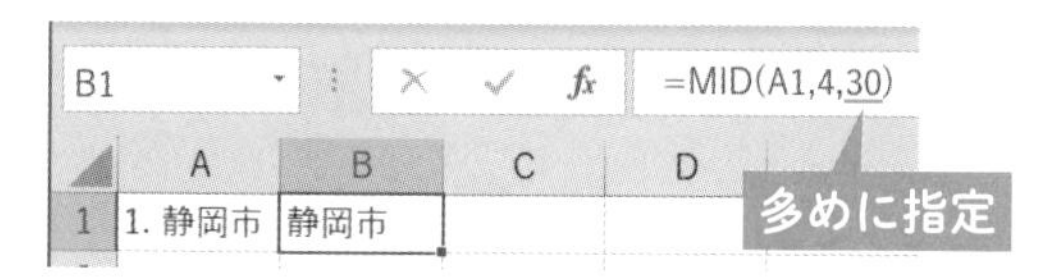

MID関数はこのように、開始位置以降のすべての文字列を切り出したい場合、第3引数を多めに指定しておくと、第1引数の文字列に変更があった場合、文字数の多い少ないにかかわらず、同じ数式のまま対応できます。また、その数式を別のセルにコピーしたい場合も、いちいち第3引数を変更せずに済むのもメリットです。

AI.LIST関数の回答にMID関数を使う

それでは、本節の例にてMID関数を利用し、余計な文字列「<連番>. 」を取り除きましょう。先ほど別途保管しておいたブックを使います。

MID関数で「<連番>. 」を取り除きたい文字列は、AI.LIST関数の回答です。そのため、MID関数の第1引数には、AI.LIST関数の数式を指定します。

MID関数の第2引数は、4を指定します。先ほどの基本的な使い方の例と同じく、「<連番>. 」は3文字であり、都市名が始まる4文字目から切り出したいからです。第3引数は多めに指定しましょう。ここでは30とします。すると、目的のMID関数の数式は以下のイメージになります。第1引数は実際にはAI.LIST関数の数式を指定するのですが、下記イメージでは「AI.LIST関数」とだけ記載しています。

```
MID(AI.LIST関数,4,30)
```

これで、「<連番>.」を取り除いた都市名がリスト形式で得られます。さらに上記をTRANSPOSE関数の引数に丸ごと指定し、縦方向から横方向に並べ替えます。

```
=TRANSPOSE(MID(AI.LIST関数,4,30))
```

あとはイメージであった「AI.LIST関数」の部分を、実際の数式に置き換えます。B2セルなら以下です。

B2セル

```
=TRANSPOSE(MID(AI.LIST(A2&"の主要都市を3つ挙げてください。"),4,30))
```

実際に下記数式に変更した結果が画面11です。B2～D2セルには、先頭の「<連番>.」が取り除かれ、都市名だけが得られています。

画面11　B2セルの数式を変更した結果

B2　=TRANSPOSE(MID(AI.LIST(A2&"の主要都市を3つ挙げてください。

	A	B	C	D	E	F	G	H	I	J
1	県	主要都市1	主要都市2	主要都市3						
2	静岡県	静岡市	浜松市	沼津市						
3	愛知県	1. 名古屋市	2. 豊橋市	3. 岡崎市						
4	岐阜県	1. 岐阜市	2. 大垣市	3. 高山市						
5										

B2セルの数式をB3セルとB4セルにコピーした結果が画面12です。これで、B2～D4セルで、余計な文字列であった先頭の「<連番>.」をすべて取り除けました。

画面12　B3～D4セルも「<連番>.」を取り除けた

	A	B	C	D
1	県	主要都市1	主要都市2	主要都市3
2	静岡県	静岡市	浜松市	沼津市
3	愛知県	名古屋市	豊橋市	岡崎市
4	岐阜県	岐阜市	多治見市	各務原市
5				

そして、もしA2～A4セルの県名を変更しても、B2～D4セルではMID関数によって、先頭の「<連番>.」を取り除けます。

なお、今回紹介したMID関数の方法は、切り出す開始地位を4で固定しているため、1桁の連番しか対応できません。2桁の連番になると、開始位置は5を指定する必要があるからです。2桁の連番に対応させるには、「FIND」関数も組み合わせるなど、他の方法が必要になります。

また、今回は余計な文字列を取り除くのにMID関数を使いましたが、その他の関数も有効です。例えば、余計なスペースだけを取り除きたいならTRANC関数などが便利です。他にもさまざまな関数が利用できます。

Chapter04

ChatGPT関数の引数をExcelのセルで指定する

表の列見出しのセルを引数に指定

本節では、プロンプトなどChatGPT関数の引数の指定を、Excelのセルの値を用いて、効率的に行うノウハウを解説します。その際、Excelのセルの参照方式が解説に登場します。相対参照や絶対参照、複合参照を使い分けます。もし、それらの参照方式をご存知なければ、本節末コラム（165ページ）で基本を解説しているので、先にそちらをお読みください。

また、本節では例に、ChatGPT関数はChatGPT for ExcelのアドインのAI.TRANSLATE関数を用います。Excel Labsしか利用できない環境の読者の方は、セルの参照方式に関する解説だけをお読みください。

では、そのノウハウの解説を始めます。例として、画面1のような表があるとします。Chapter03 07（131ページ）で解説したAI.TRANSLATE関数の例を拡張した表になります。

画面1　本節の例に用いる表

	A	B	C	D	E	F
1	穀物	英語	スペイン語	フランス語	中国語	
2	小麦					
3	大豆					
4	トウモロコシ					
5						

A2～A4セルに3種類の穀物の名前が入力してあります。これら3つの穀物名の英語とスペイン語、フランス語、中国語を表にまとめたいとします。英語はB列、スペイン語はC列、フランス語はD列、中国語はE列とします。B～E列の1行目は列見出しとして、言語名が入力してあります。

翻訳にはChapter03 07と同じく、AI.TRANSLATE関数を用います。書式を改めて提示しておきます。

書式

```
=AI.TRANSLATE(値,言語)
```

画面1の表のB2～E4セルにはそれぞれ、どのようなAI.TRANSLATE関数の数式を入力すればよいでしょうか？

例えばB2セルなら、穀物名はA2セルの「小麦」です。翻訳先の言語はB1セルの「英語」です。これらを上記書式にあてはめて、第1引数にはA2セル、第2引数にはB1セルを指定すればよいことになります。

B2セル

```
=AI.TRANSLATE(A2,B1)
```

2つの引数はセル参照によって、参照先のA2セルおよびB1セルの値（文字列）を指定したのと同じことになります。Chapter03 07の例では、第1引数はセル参照で指定しました。一方、第2引数は言語名の文字列を直接指定しましたが、ここでは第2引数もセル参照で指定します。

コピーを見据え、セル参照方式を変えておく

これでB2セルに入力すべきAI.TRANSLATE関数の数式がわかりました。さっそく実際に入力して実行し、ちゃんと翻訳されるのか確認したいところですが、その前に数式を一部修正します。なぜ修正するかというと、B2セル以外のセルに数式を入力する作業を効率よく行うための準備のためです。

AI.TRANSLATE関数の数式はB2セルだけでなく、同じ2行目にあるC2～E2セル、その下の行にあるB3～E4セルにも必要です。それぞれの数式では、2つの引数を適切に指定する必要があります。例えば右下のE4セルなら、第1引数には「トウモロコシ」が入ったA4セル、第2引数には「中国語」が入ったE1セルを指定します。

そのように2つの引数を適切に指定した数式を、残りすべてのセルにおのおの手入力しても、もちろん誤りではありませんが大変非効率的です。そこはオートフィルなどでコピーするといったExcelの便利機能を活用した方が飛躍的に効率化できます。

そこで、オートフィルなどでコピーすることを見据えた準備として、2つの引数に指定しているセルの参照方式をそれぞれ修正します。

先ほど考えたB2セルの数式「=AI.TRANSLATE(A2,B1)」では、2つの引数はともにセルを相対参照で指定しています。そのため、数式の入ったセルを列方向（横方向）にコピーすると、列番号が自動で変化します。行方向（縦方向）にコピーすると、行番号が自動で変化します。

もし、B2セルの数式を相対参照のまま、1列右のC2セルにコピーしたら、第1引数はA2セルから列番号が自動で1増え、B2セルに変化します。本来は「小麦」が入ったA2セルを指定したいのに、1列ズレてしまいます（図1①）。さらにB2セルをD2セルやE2セルにコピーしても、同じく第1引数にズレが発生します。3～4行目も同様です。

また、B2セルをB3セルへ行方向にコピーすると、第2引数はB1セルから行番号が自動で1増え、B2セルに変化します。第2引数は本来、「英語」が入ったB1セルを指定したいのに、1行ズレてしまいます（図1②）。B4セルおよびC～E列でも同様です。

図1　相対参照だと、行も列もズレが生じる

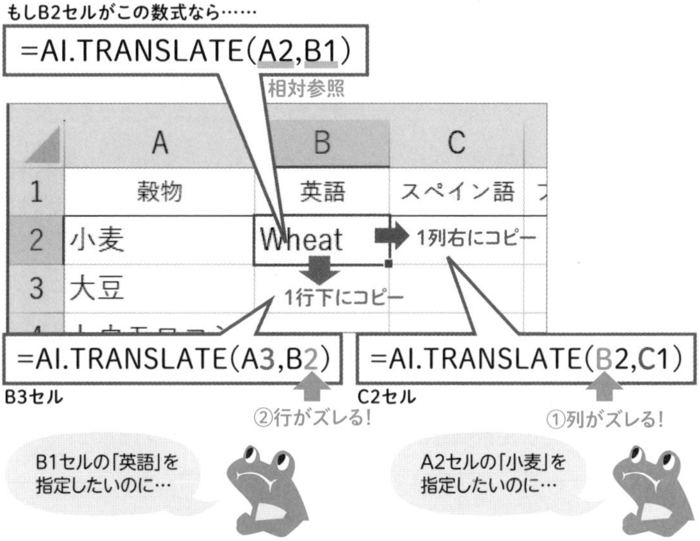

もしB2セルがこの数式なら……
=AI.TRANSLATE(A2,B1)
相対参照

	A	B	C
1	穀物	英語	スペイン語
2	小麦	Wheat	
3	大豆		

1列右にコピー
1行下にコピー
=AI.TRANSLATE(A3,B2)
B3セル
②行がズレる！
=AI.TRANSLATE(B2,C1)
C2セル
①列がズレる！
B1セルの「英語」を指定したいのに…
A2セルの「小麦」を指定したいのに…

このようなズレの発生を防ぐには、コピーした際に列番号と行番号が以下になるよう、複合参照で指定する必要があります。B2セルの数式のAI.TRANSLATE関数では、第1引数は列がズレてほしくなく、第2引数は行がズレてほしくないのでした。言い換えると以下のように、第1引数は列番号、第2引数は行番号を固定すればよいことになります。

一方、第1引数の行番号はコピー先に応じて、自動で変化してほしいので、固定しません。第2引数の列番号も同様です。

・列方向にコピー
　列番号：　固定
　行番号：　自動で変化

・行方向にコピー
　列番号：　自動で変化
　行番号：　固定

列番号と行番号のいずれかを固定するには、複合参照を用いて、固定したい列番号または行番号の冒頭に「$」を付ければよいのでした。

以上を踏まえると、先ほど考えたB2セルの数式「=AI.TRANSLATE(A2,B1)」の2つの引数は、次のように修正すればよいとわかります。

B2セル

```
=AI.TRANSLATE($A2,B$1)
```

第1引数は列番号を固定するため、列番号である「A」に「$」を付けます。第2引数は行番号を固定するため、行番号である「1」に「$」を付けています。

では、B2セルに上記数式を入力してください。複合参照での指定には、F4キーを使うと便利です（ご存知なければ本節末コラムを参照してください）。Enterキーで確定すると、画面2のように、小麦の英語訳が得られます。

画面2　B2セルの数式で、セルを複合参照で指定

B2　=AI.TRANSLATE($A2,B$1)

	A	B	C	D	E	F
1	穀物	英語	スペイン語	フランス語	中国語	
2	小麦	Wheat				
3	大豆					
4	トウモロコシ					
5						

続けて、同じ2行目のC2～E2セルに、オートフィルなどで列方向にコピーしてください。すると「小麦」の各言語の翻訳結果が得られます（画面3）。C2～E2セルの数式は以下のようにコピーされます。

画面3　B2セルをC2～E2セルにコピー

E2　=AI.TRANSLATE($A2,E$1)

	A	B	C	D	E	F
1	穀物	英語	スペイン語	フランス語	中国語	
2	小麦	Wheat	Trigo	Blé	小麥	
3	大豆					
4	トウモロコシ					

C2セル

```
=AI.TRANSLATE($A2,C$1)
```

D2セル

```
=AI.TRANSLATE($A2,D$1)
```

E2セル

```
=AI.TRANSLATE($A2,E$1)
```

そして、B2～E2セルをその下の3～4行目（B3～E4セル）に、オートフィルなどで行方向にまとめてコピーしてください。すると、「大豆」と「トウモロコシ」の各言語の翻訳結果が得られます（画面4）。B3～E4セルの数式は以下のようにコピーされます。

画面4　B2～E2セルをB3～E4セルにコピー

E4　=AI.TRANSLATE($A4,E$1)

	A	B	C	D	E	F
1	穀物	英語	スペイン語	フランス語	中国語	
2	小麦	Wheat	Trigo	Blé	小麥	
3	大豆	Soybean	soya	Soja	大豆。	
4	トウモロコシ	Corn	Maiz	Blé	玉米	

B3セル

```
=AI.TRANSLATE($A3,B$1)
```

C3セル

```
=AI.TRANSLATE($A3,C$1)
```

D3セル

```
=AI.TRANSLATE($A3,D$1)
```

E3セル

```
=AI.TRANSLATE($A3,E$1)
```

B4セル

```
=AI.TRANSLATE($A4,B$1)
```

C4セル

```
=AI.TRANSLATE($A4,C$1)
```

D4セル

```
=AI.TRANSLATE($A4,D$1)
```

E4セル

```
=AI.TRANSLATE($A4,E$1)
```

なお、画面4では、D4セルのトウモロコシのフランス語が、本来は「Maïs」なのですが、誤って小麦と同じ「Blë」になっています。また、大豆の中国語は末尾に余計な「。」が付いてしまっています。

以上が、ChatGPT関数の引数の指定にExcelのセルの値を利用するノウハウです。Excelのセル参照がメインであり、ノウハウと言うほど大げさな方法とは感じなかった読者の方も少なくないかと思います。次節でこの発展形のノウハウを解説しますが、本節の内容はそのベースとなります。

相対参照と絶対参照と複合参照のキホン

相対参照と絶対参照と複合参照の仕組みと使い方の例は次の通りです。それぞれの参照方式の違いをしっかりと把握しましょう。

相対参照

相対参照とは、コピーした際、行番号も列番号も自動で相対的に変化する参照方式です。数式にセル番地を記述する際、行番号も列番号も冒頭に何も付けず、そのまま記述すると、相対参照になります。例えば、A1セルを相対参照する数式なら「=A1」です。

相対参照の例が画面1です。A1～B2セルに、果物の名前が入力してあります。そして、D1セルにA1セルを相対参照する数式「=A1」を入力します。このA1セルをオートフィルなどで、E1セルとD2セルとE2セルにそれぞれコピーしています。コピー結果の数式を同画面に記載しておきます。

画面1　D1セルの相対参照の数式をコピー

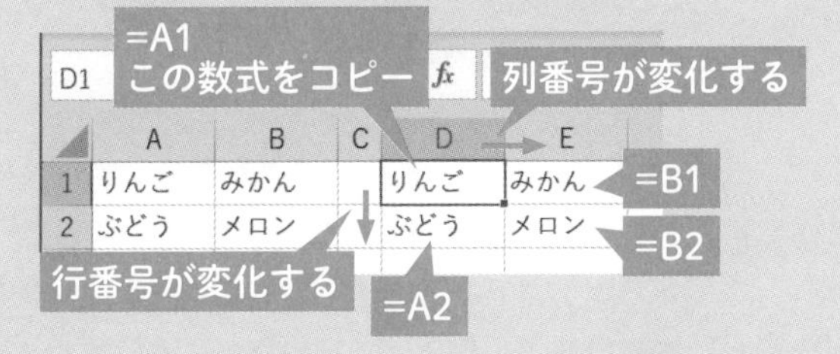

E1セルはD1セルの1列右なので、コピーすると列番号が1増えてEに変わります。一方、行方向にはコピーしていないので、行番号は増えず1のままです。

D2セルはD1セルの1行下なので、コピーすると行番号が1増えて2に変わります。一方、列方向にはコピーしていないので、列番号は増えずAのままです。

E2セルはD1セルの1行下かつ1列右なので、コピーすると行番号も列番号も1増え、行番号は2に、列番号はBに変わります。

なお、オートフィルでは、D1セルからE2セルに直接コピーできません。E2セルはE1セルまたはD2セルからコピーすることになります。オートフィルではなく、[コピー]と[貼り付け]のコマンドなら、D1セルからE2セルに直接コピーできます。

絶対参照

絶対参照とは、コピーした際、行番号も列番号も変化しない参照方式です。数式にセル番地を記述する際、行番号にも列番号にも冒頭に「$」を付けます。「$」は固定することを意味します。例えば、A1セルを絶対参照する数式なら、「=$A$1」になります。

絶対参照の例が次の画面2です。相対参照の例と同じ表です。以降も同じ表を使います。A1セルを絶対参照する数式「=$A$1」をD1セルに入力し、E1セルとD2セルとE2セルにそれぞれコピーした結果です。

D1セルの数式は絶対参照のため、コピーしても行番号と列番号ともに変化しません。よって、すべてのセルの数式は「=$A$1」になります。

画面2　D1セルの絶対参照の数式をコピー

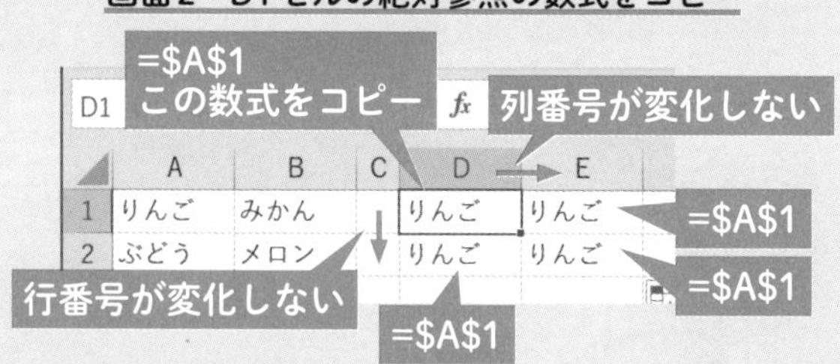

複合参照

複合参照とは、コピーした際、行番号もしくは列番号のいずれか一方だけが変化する参照方式です。言い換えると、行番号もしくは列番号のいずれか一方だけを固定します。行を固定したいなら行番号だけに「$」を付け、列を固定したいなら列番号だけに「$」を付けます。例えば、行番号だけを固定してA1セルを複合参照する数式なら、「=A$1」になります。

行を固定した複合参照の例が画面3です。相対参照の例と同じ表です。A1セルを行番号固定で複合参照する数式「=A$1」をD1セルに入力し、E1セルとD2セルとE2セルにそれぞれコピーした結果です。

行番号を固定したため、E1セルとD2セルとE2セルは行番号がすべて1のままです。一方、列番号は固定していないので、列方向にコピーしたE1セルとE2セルは、列番号がAからBに変化しています。

画面3　D1セルの行固定の複合参照の数式をコピー

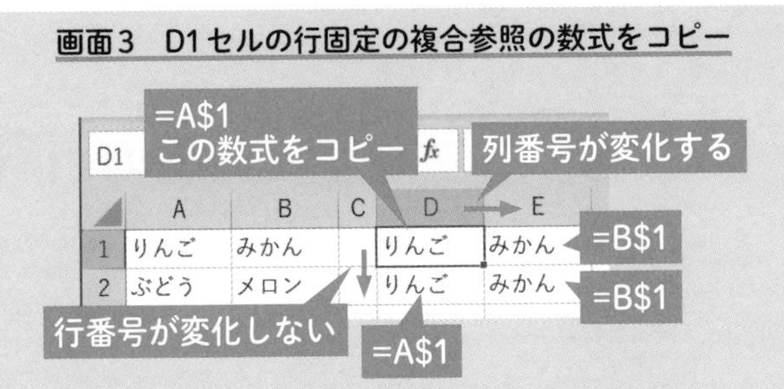

画面4はA1セルを列番号固定で複合参照する数式「=$A1」をD1セルに入力し、E1セルとD2セルとE2セルにそれぞれコピーした結果です。

列番号を固定したため、E2セルとD2セルとE2セルは列番号がすべてAのままです。一方、行番号は固定していないので、行方向にコピーしたD2セルとE2セルは、行番号が1から2に変化しています。

画面4　D1セルの列固定の複合参照の数式をコピー

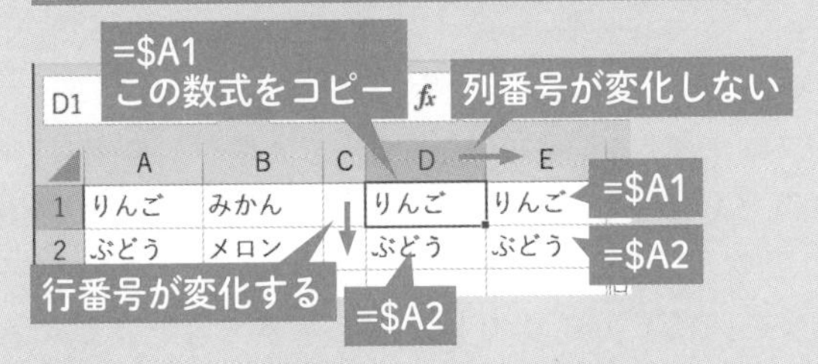

相対参照と絶対参照、複合参照の違いは以上です。

参照方式に関する便利な機能を紹介します。数式バーなどで数式を編集している際、数式内のセル番地でカーソルが点滅した状態で F4 キーを押すと、参照方式が以下の順に切り替わります。「$」の追加や削除が自動で行われるので、手入力の手間軽減とともに、タイプミス防止にもなるのでオススメです。

相対参照
　↓
絶対参照
　↓
行固定の複合参照
　↓
列固定の複合参照

Chapter04

プロンプトを「差し込み」で作ろう

プロンプトを「差し込み」で作るには

本節は前節の発展形のノウハウとして、Excelのセルの値に加え、演算子も用いて、プロンプトなどChatGPT関数の引数の指定を効率化する方法を解説します。その方法とは、プロンプトを「差し込み」(後述)で作る方法です。解説にはChatGPT for ExcelのアドインのAI.ASK関数を用いるとします。Excel Labsアドインのユーザーは、LABS.GENERATIVEAI関数に置き換えてお読みください。

それでは、プロンプトを「差し込み」で作る方法を、具体例を挙げて解説していきます。例として、Excelの表内の複数のセルで、同じ種類のデータをAI.ASK関数で取得したいとします。ここでは、画面1の表があり、A2～A4セルの3つの県の面積と公式サイトのURLを表の各セルにAI.ASK関数で取得したいとします。

画面1　プロンプトの「差し込み」の例に用いる表

	A	B	C
1	県	面積	公式サイト
2	宮城県		
3	千葉県		
4	愛知県		
5			

この表の1行目は見出しです。A1セルに「県」、B1セルに「面積」、C1セルに「公式サイト」と列名(列見出し)が入力してあります。

2行目以降がデータになります。A列は県であり、A2～A4セルには、宮城県と千葉県、愛知県が入力してあります。表の残りのセルは空であり、B

列のB2～B4セルにはその県の面積を、C列のC2～C4セルには公式サイトのURLをこれからAI.ASK関数で取得します。

公式サイトのURLといった情報の取得はChapter03 01で体験したように、AI.ASK関数を使うのがよいでしょう。面積も同様です。B2～B4セルのAI.ASK関数には、面積を取得するプロンプトを指定し、C2～C4セルのAI.ASK関数には、公式サイトのURLを取得するプロンプトを指定すればよさそうです。

その際、B2～B4セルでは、面積という同じ種類の情報をAI.ASK関数で取得するよう、プロンプトは県（県名）だけが異なるだけの似たような文言になるでしょう。C2～C4セルも同じく、公式サイトのURLを取得する内容で、県だけが異なるプロンプトになるでしょう。

このように、似たようなプロンプトを複数のセルで使うシチュエーションにて、異なる箇所だけを差替えて、各セル用のプロンプトを組み立てます。プロンプトの雛形（テンプレート）を用意しておき、必要な箇所だけ文言を差替えるのです。

このようなやり方を一般的に「差し込み」と呼びます（図1）。元々はハガキの印刷などで使われる手法ですが、本書ではプロンプトに応用します。

図1　「差し込み」の仕組みと例

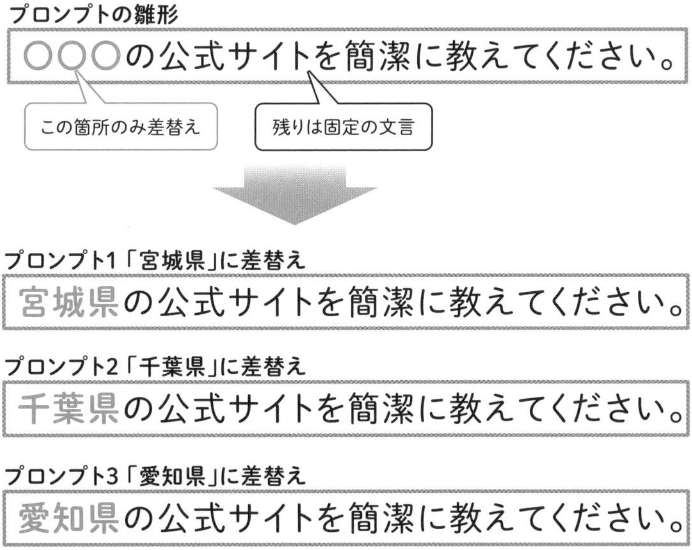

そして、本節で解説する方法では、差替える文言はセルに入力されているデータを用います。やり方とポイントはこのあと順に解説していきます。

プロンプトの雛形で差し込みを行う

このプロンプトを「差し込み」で作る方法で用いるExcelの演算子は＆演算子です。＆演算子は文字列を連結する演算子であり、すでにChapter03 04（99ページ）にて、AI.ASK関数のプロンプトを組み立てるのに使いました。具体的には、A1セルに入っている値「名古屋市」と、文字列「の公式サイトのURLを教えてください。」を＆演算子で連結して、「名古屋市の公式サイトのURLを教えてください。」というプロンプトを組み立てました。

もし、A1セルに「名古屋市」ではなく、例えば「札幌市」が入力されていたら、「札幌市の公式サイトのURLを教えてください。」というプロンプトが組み立てられます。他にも、A1セルの都市名を変えれば、その都市用のプロンプトが組み立てられます。

プロンプトを「差し込み」で作る方法も、原理はこれと全く同じです。Chapter03 01の場合、プロンプトの定型部分は「の公式サイトのURLを教えてください。」が該当し、これが雛形になります。差替える箇所（差し込む箇所）は都市名が該当し、A1セルの値を用いています。これは図1とまったく同じ構造であることがわかるでしょう。

この原理に基づき、本節の例のプロンプトを差し込みで作るにはどうすればよいか考えてみましょう。

B2セルには、宮城県の面積をAI.ASK関数で取得したいのでした。プロンプトは何通りか考えられますが、ここでは以下とします。

```
宮城県の面積を簡潔に教えてください。
```

上記プロンプトの中で、県である「宮城県」の箇所を「千葉県」および「愛知県」に差替えれば、千葉県および愛知県の面積を取得するプロンプトになります。これらの県は画面1の表を見直すと、A2～A4セルに入力してあるので、セル参照で値を取得し、＆演算子で連結すればよさそうです。

さらに上記プロンプトで、県の箇所だけでなく、「面積」の箇所にも着目してください。この箇所を「公式サイト」に差替えれば、以下のプロンプトとな

り、宮城県の公式サイトを取得できます。

宮城県の公式サイトを簡潔に教えてください。

このようにプロンプト内で、「面積」と「公式サイト」を差替えるだけで、面積を取得するプロンプト、および公式サイトのURLを取得するプロンプトをそれぞれ組み立てられるでしょう。

そして、「面積」と「公式サイト」は画面1の表の列見出しに文言があります。表を見直すと、B1セルに「面積」、C1セルに「公式サイト」という文言が入っているのが確認できます。これらもセル参照で値を取得し、&演算子で連結すればよさそうです。

以上をまとめると、各セルの値で差替えればよい箇所は、県と情報（「面積」または「公式サイト」）の2箇所です。すると、プロンプトの雛形は以下となります。

<県>の<情報>を簡潔に教えてください。

「<県>」の箇所は県で差替えます。県はA1 ～ A3セルに入っているのでした。「<情報>」の箇所は「面積」または「公式サイト」で差替えます。これらはB1 ～ C1セルに入っているのでした。

そして、差替え箇所以外がプロンプトで固定の部分（雛形）になります。具体的には「の」と「を簡潔に教えてください。」の2つです。これら2つの固定の文言（文字列）と、差替えの2箇所を図2のように&演算子で連結すれば、各県の面積および公式サイトのURLを取得するプロンプトが組み立てられます。

図2　差替え2箇所と固定文字列2つを連結

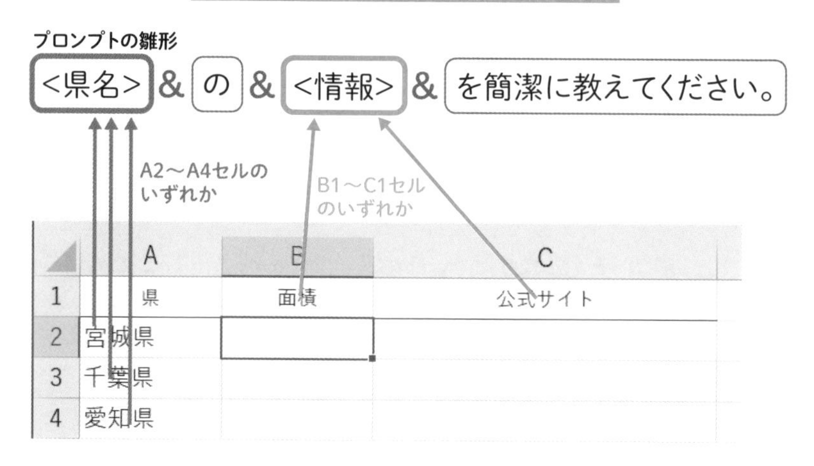

そして、それぞれのプロンプトを用いたAI.ASK関数の数式を、表のB2～C4セルに適宜入力すれば、各県の面積および公式サイトのURLを取得し、B2～C4セルにそれぞれ入力できるでしょう。

 2つのセルの値を連結してプロンプトを作る

B2～C4セルにはそれぞれ、具体的にはどのような数式を入力すればよいでしょうか？　まずはB2セルで考えてみましょう。B2セルは宮城県の面積です。よって、最終的に組み立てたいプロンプトは以下になります。

宮城県の面積を簡潔に教えてください。

先ほどのプロンプトの雛形に照らし合わせると、<県>の箇所が「宮城県」であり、この値はA2セルに入っています。<情報>の箇所が「面積」であり、B1セルに入っています。

これらをプロンプト雛形の固定の部分である「の」と「を簡潔に教えてください。」に、&演算子で連結します。その数式は以下になります（図3）。固定の部分はその文言を「"」で囲って記述し、文字列として直接指定しています。

```
A2&"の"&B1&"を簡潔に教えてください。"
```

図3　宮城県の面積用プロンプトの組み立て

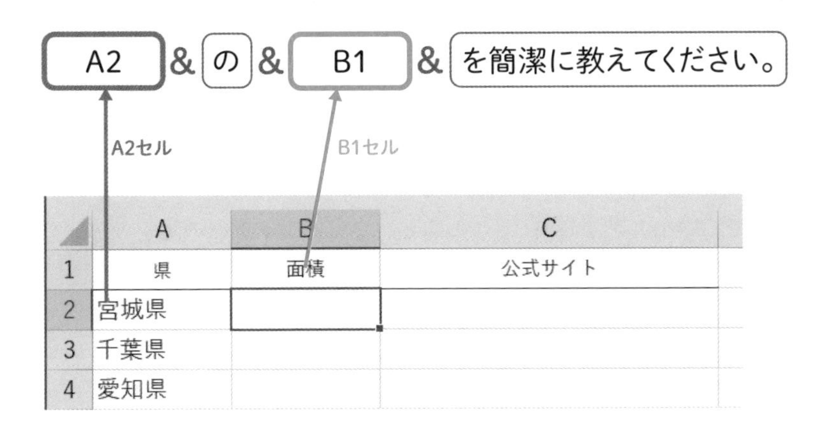

左から順に見ていくと、A2セルの後ろに「の」を連結しています。A2セルは「宮城県」なので、この時点で「宮城県の」となります。さらにその後ろに、B1セルを連結しています。B1セルの値は「面積」なので、「宮城県の」の後ろに連結され、「宮城県の面積」となります。最後に「を簡潔に教えてください。」を連結し、「宮城県の面積を簡潔に教えてください。」と組み立てられます。

ここで、この数式が本当に目的のプロンプトを意図通り組み立てられるのか、確認してみましょう。B2セルに下記の数式を暫定的に入力してください。連結した結果をセルに表示するため、先ほどのプロンプトを組み立てる数式の冒頭に「=」を付けただけの数式になります。

```
=A2&"の"&B1&"を簡潔に教えてください。"
```

入力できたら Enter キーで確定してください。すると画面2のように、B2セルに「宮城県の面積を簡潔に教えてください。」と表示されます。

画面2　目的のプロンプトを組み立てられた

B2 =A2&"の"&B1&"を簡潔に教えてください。"

	A	B	C	D	E	F
1	県	面積	公式サイト			
2	宮城県	宮城県の面積を簡潔に教えてください。				
3	千葉県					
4	愛知県					
5						

これで、A2セルおよびB1セルの値と、プロンプト雛形の固定の部分（「の」と「を簡潔に教えてください。」）を＆演算子で連結し、目的のプロンプトを組み立てることができました。

このB2セルの数式を、AI.ASK関数の引数（第1引数）に指定すればOKです。その際、「=A2& ～」の「=」は不要なので、必ず取り除きます。そうすることで、目的のプロンプトを引数に指定できます。

以上を踏まえると、B2セルに入力する数式は以下とわかります。

```
=AI.ASK(A2&"の"B1&"を簡潔に教えてください。")
```

先ほどのプロンプトを組み立てる数式を、AI.ASK関数の引数に指定するために、現時点でのB2セルの数式の「=」の後ろに「AI.ASK(」を追加し、なおかつ、最後に「)」を追加したかたちになります。

では、B2セルの数式を上記に変更してください。

B2セル

変更前

```
=A2&"の"&B1&"を簡潔に教えてください。"
```

変更後

```
=AI.ASK(A2&"の"B1&"を簡潔に教えてください。")
```

変更し終わると、画面3のように宮城県の面積がB2セルに得られます。もちろんファクトチェックは必須ですが、目的の回答が得られました。

画面3　宮城県の面積がB2セルに得られた

B2　=AI.ASK(A2&"の"&B1&"を簡潔に教えてください。")

	A	B	C	D	E	F
1	県	面積	公式サイト			
2	宮城県	7,282 km²				
3	千葉県					
4	愛知県					
5						

残りのセルに数式をコピーする

このB2セルの数式をもとに、C2セルに宮城県の公式サイトのURLを取得する数式を作成して入力します。さらには、B3～C3セルに千葉県の面積と公式サイトのURL、B4～C4セルに愛知県の面積と公式サイトのURLを取得する数式を作成して入力します。

各セルに目的の数式を一つひとつ考えて入力しても誤りではないのですが、前節で学んだ方法を用いて、オートフィルなどでコピーしましょう。その際、コピーしても目的のセルを正しく参照できることが肝要です。B2セルの数式内にあるセル参照は、A2セルとB1セルの2つです。いずれも現時点では、相対参照で指定しています。

まずはA2セルをどのような参照方式にするべきか、検証してみましょう。列番号のAについては、B2セルを右隣のC2セルへ列方向にコピーした際、数式内のA2セルの「宮城県」はズレずに参照可能とする必要があります。それゆえ、列番号であるAに「$」を付けて固定します。

A2セルの行番号の2については、一つ下のB3セルへ行方向にコピーした際、A3セルの「千葉県」を参照する必要があります。行番号はコピー先に応じて自動で変化させたいので、「$」は付けません。

したがって、A2セルは列のみ固定の複合参照である「$A2」とすればよいことになります（図4①）。

図4　A2セルとB1セルの参照方式を検証

①A2セル

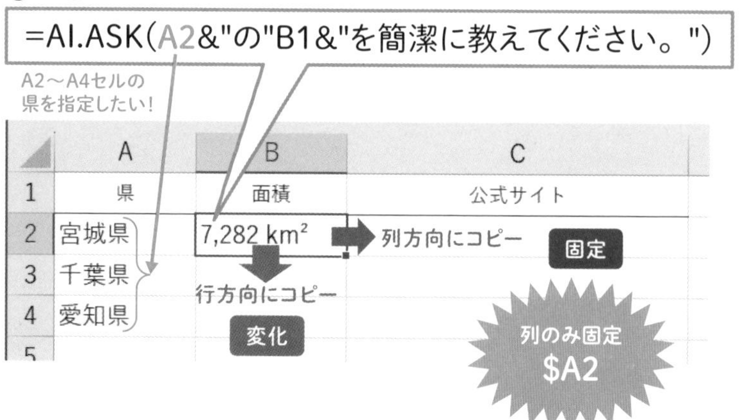

②B1セル

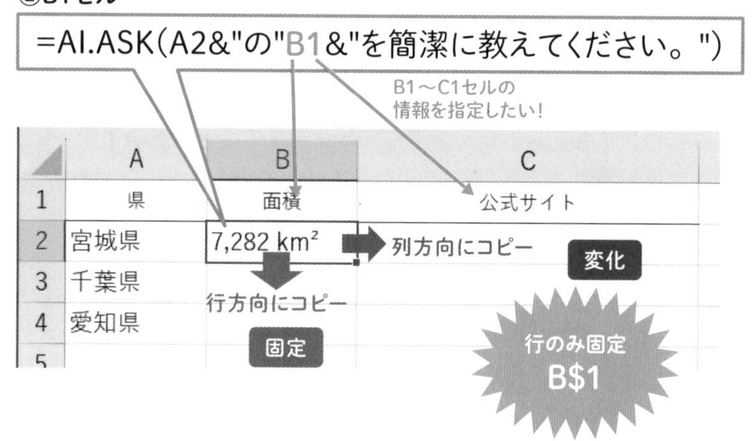

次にB1セルを検証します。列番号のBについては、B2セルを右隣のC2セルへ列方向にコピーした際、B1セルの右隣のC1セル「公式サイト」を参照する必要があります。よって列番号は固定しません。

B1セルの行番号の1については、B2セルを一つ下のB3セルへ行方向にコピーした際、変わらずB1セルの「面積」を参照する必要があります。よって、「$」を付けて固定します。

したがって、B1セルは行のみ固定の複合参照である「B$1」とすればよいことになります（図4②）。

以上を踏まえると、B2セルの数式は、2つあるセル参照を以下のように変更すればよいとわかります。

B2セル

変更前

```
=AI.ASK(A2&"の"B1&"を簡潔に教えてください。")
```

変更後

```
=AI.ASK($A2&"の"&B$1&"を簡潔に教えてください。")
```

それでは、B2セルの数式を上記のように変更してください。変更すると、同じ回答が得られます（画面4）。参照方式を変えただけで、参照先は変えておらず、プロンプトの内容自体は変わっていないので、このような結果になります。

画面4　参照方式を変更。同じ回答が得られる

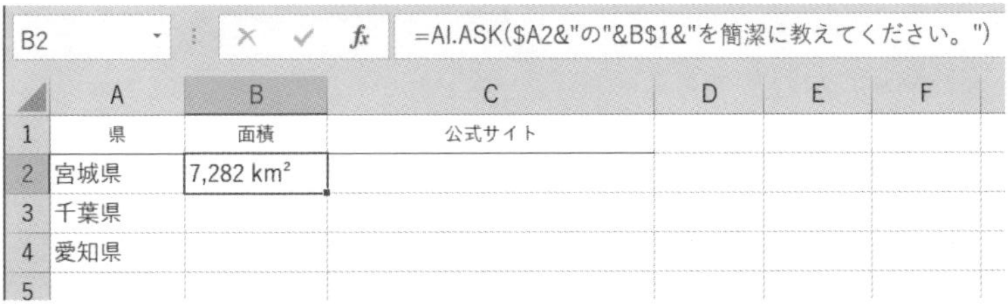

B2　=AI.ASK($A2&"の"&B$1&"を簡潔に教えてください。")

	A	B	C	D	E	F
1	県	面積	公式サイト			
2	宮城県	7,282 km²				
3	千葉県					
4	愛知県					
5						

続けて、B2セルを右隣のC2セルにオートフィルなどでコピーしてください。すると画面5のように、宮城県の公式サイトのURLが得られます。

画面5　宮城県の公式サイトのURLがC2セルに得られた

C2 | =AI.ASK($A2&"の"&C$1&"を簡潔に教えてください。")

	A	B	C	D	E	F
1	県	面積	公式サイト			
2	宮城県	7,282 km²	https://www.pref.miyagi.jp/			
3	千葉県					
4	愛知県					

C2セルの数式は以下になります。

C2セル

```
=AI.ASK($A2&"の"&C$1&"を簡潔に教えてください。")
```

B2セルを右隣（列方向）にコピーしました。雛形の<県>の箇所は、列のみ固定の複合参照「$A2」なので、列方向にコピーしてもA列のままです。行方向にはコピーしていないので、行番号は2のまま変化しません。よって、A2セルの「宮城県」を参照できます。

一方、雛形の<情報>の箇所の参照先が、意図通りB1セルからC1に自動で変化しました。行のみ固定の複合参照「B$1」なので、列方向にコピーすると、列番号がBからCに変化します。行方向にはコピーしていないので、行番号は1のまま変化しません。そのため、B1セルからC1セルに変化したのです。

あとはB2～C2セルを、表の残りの3～4行目であるB3～C4セルにコピーしてください。すると画面6のような結果が得られます。B3～C3セルには、千葉県の面積と公式サイトのURLが得られました。B4～C4セルには、愛知県の面積と公式サイトのURLが得られました。

B3～C4セルの数式は以下になります。いずれも意図通りのセル参照になっていることがわかります。

画面6　千葉県と愛知県の面積と公式サイトのURLが得られた

C4 | =AI.ASK($A4&"の"&C$1&"を簡潔に教えてください。")

	A	B	C	D	E	F
1	県	面積	公式サイト			
2	宮城県	7,282 km²	https://www.pref.miyagi.jp/			
3	千葉県	5,186.09 km2	https://www.pref.chiba.lg.jp/			
4	愛知県	5,153.77 km²	https://www.pref.aichi.jp/			

B3セル（千葉県の面積）

```
=AI.ASK($A3&"の"&B$1&"を簡潔に教えてください。")
```

C3セル（千葉県の公式サイト）

```
=AI.ASK($A3&"の"&C$1&"を簡潔に教えてください。")
```

B4セル（愛知県の面積）

```
=AI.ASK($A4&"の"&B$1&"を簡潔に教えてください。")
```

C4セル（愛知県の公式サイト）

```
=AI.ASK($A4&"の"&C$1&"を簡潔に教えてください。")
```

プロンプトを「差し込み」で作るノウハウは以上です。次節では、このノウハウのちょっとした応用ワザを紹介します。

Chapter04

差し込みによるプロンプト作成の応用ワザ　～その1

前節の差し込みはここが問題

本節から次節にかけて、前節で解説した差し込みによるプロンプト作成の応用ワザを紹介します。まずは本節にて、応用ワザのベースとなる考え方と仕組みを解説します。

前節では、以下をプロンプトの雛形としました。

<県名>の<情報>を簡潔に教えてください。

<県名>の箇所を県名（A1 ～ A3セル）で差替え（差し込み）、<情報>の箇所を列見出しの文言「面積」および「公式サイト」(B1 ～ C2セル）で差替えました。それらのセルと、雛形の固定部分である「の」、および「を簡潔に教えてください。」の文字列を＆演算子で連結し、プロンプトを組み立てました。具体的な数式は、B2セルなら以下でした。

```
$A2&"の"&B$1&"を簡潔に教えてください。"
```

このプロンプトを組み立てる数式を、AI.ASK関数の引数に指定しました。そして、そのようなAI.ASK関数の数式をB2 ～ C4セルの計6つのセルに入力しました。その結果、固定部分の文字列である「"の"」と「"を簡潔に教えてください。"」が、6つのセルのAI.ASK関数の引数すべてに記述された状態になっています。

この状態では、数式が少々見づらいと言えます。そのうえ、もし、固定部分の文言を変更したくなったら、B2セルの数式で変更したのち、他のセルにオートフィルなどでコピーする作業が都度発生して面倒です。

プロンプト組み立ては別のワークシートで

そこで、固定部分をまとめてみましょう。具体的には、固定部分である「の」、および「を簡潔に教えてください。」をそれぞれ、表以外の場所のセルに入力しておきます。その固定部分のセルと差し込み箇所のセルを＆演算子で連結して、プロンプトを組み立てるようにします。

本書ダウンロードファイル（5ページ）から、ブック「4-5.xlsx」を開いてください。前節の例と全く同じ構成の表ですが、B2～B4セルは空の状態です。

固定部分を入力するセルは、空いているセルならどこでもよいのですが、今回は別のワークシート上にまとめるとします。目的の表はワークシート「Sheet1」に作成し、それとは別にワークシート「Sheet2」を追加します（画面1）。ワークシートの追加は、ワークシートのタブの右端にある［+］ボタンなどから行います。

画面1　ワークシート「Sheet2」を追加

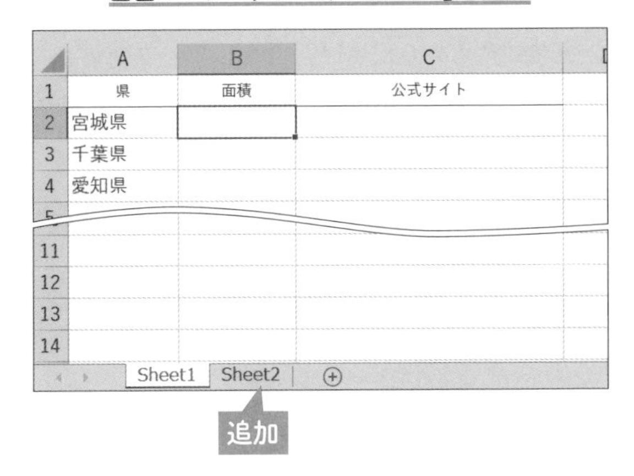

このワークシート「Sheet2」のセルに、固定部分である「の」と「を簡潔に教えてください。」をそれぞれ入力します。場所はどこでもよいのですが、今回はA1セルに前者、B1セルに後者を入力するとします（画面2）。

画面2　Sheet2のA1～B2セルに固定部分の文言を入力

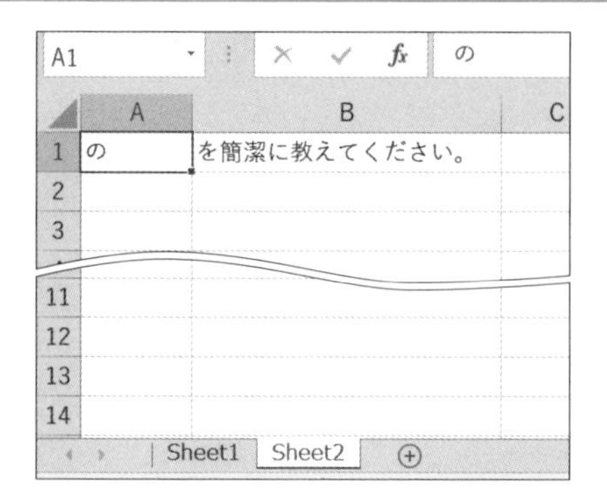

このワークシート「Sheet2」のA1セルとB1セルを、ワークシート「Sheet1」でプロンプトの組み立てに使います。B2セルのAI.ASK関数の数式内で、文字列を&演算子で連結している部分の「"の"」を、ワークシート「Sheet2」のA1セルに置き換えます（図1）。

同様に、「"を簡潔に教えてください。"」を、ワークシート「Sheet2」のB1セルに置き換えます。これで、前節と同じプロンプトが組み立てられるでしょう。

図1　Sheet2のA1～B2セルをプロンプト組み立てに使う

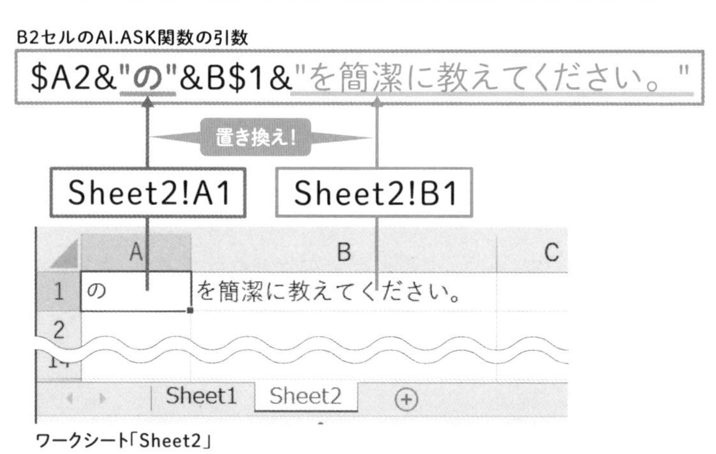

その場合、AI.ASK関数の数式から、ワークシート「Sheet2」のA1セル（値は「の」）とB1セル（値は「を簡潔に教えてください。」）を参照する必要が生

じます。AI.ASK関数の数式はワークシート「Sheet1」にあるので、異なるワークシート上のセルを参照しなければなりません。

ご存知の方も少なくないかと思いますが、Excelでは、異なるワークシート上のセルを参照するには、セル番地の前に「ワークシート名!」という書式によって、どのワークシート上のセルなのかを指定します。

今回のワークシート名は「Sheet2」なので、「Sheet2」のA1セルとB1セルは以下のように指定します。

- 「Sheet2」のA1セル　Sheet2!A1
- 「Sheet2」のB1セル　Sheet2!B1

この2つのセルを用いて、プロンプトを組み立てる数式を変更します。プロンプトを組み立てる数式は、AI.ASK関数の引数に指定しており、例えばB2セルなら以下でした。

B2セルのAI.ASK関数の引数

```
$A2&"の"&B$1&"を簡潔に教えてください。"
```

上記数式の「"の"」を「Sheet2!A1」に、「"を簡潔に教えてください。"」を「Sheet2!B1」に置き換えることになります。

さらに、B2セル以外に数式をコピーすることを見据え、両セルとも絶対参照で指定します。B2セル以外にコピーしても、固定部分であるワークシート「Sheet2」のA1セルとB1セルを必ず参照するためです。

プロンプトを組み立てる数式をそのように置き換えたのが以下です。図1の仕組みに従い、4つのセル参照が3つの＆演算子で連結したかたちの数式になります。

```
$A2&Sheet2!$A$1&B$1&Sheet2!$B$1
```

これがワークシート「Sheet2」のA1セルとB1セルの固定部分を使い、プロンプトを組み立てる数式です。あとは前節同様に、上記をAI.ASK関数の引数に指定した数式をB2セルに入力すればよいでしょう。

事前にプロンプトだけを確認する

ここで、AI.ASK関数の数式を入力する前に、上記数式で本当に意図通りにプロンプトを組み立てられるのか、試してみましょう。以下のとおり冒頭に「=」を追記して、ワークシート「Sheet1」のB2セルに入力してください。

```
=$A2&Sheet2!$A$1&B$1&Sheet2!$B$1
```

すると、画面3のとおり、B2セルに「宮城県の面積を簡潔に教えてください。」が表示されます。意図通りにプロンプトを組み立てられたことが確認できました。

画面3　組み立てられるプロンプトを確認

B2　=$A2&Sheet2!$A$1&B$1&Sheet2!$B$1

	A	B	C	D	E
1	県	面積	公式サイト		
2	宮城県	宮城県の面積を簡潔に教えてください。			
3	千葉県				
11					
12					
13					
14					

Sheet1　Sheet2

あとは先述のとおり、このプロンプトを組み立てる数式を、AI.ASK関数の引数に指定すればOKです。以上を踏まえると、ワークシート「Sheet1」のB2セルに入力する数式は以下とわかります。

```
=AI.ASK($A2&Sheet2!$A$1&B$1&Sheet2!$B$1)
```

プロンプトを組み立てる数式を、AI.ASK関数の引数に指定するために、現時点でのB2セルの数式の「=」の後ろに「AI.ASK(」を追加し、なおかつ、最後に「)」を追加したかたちになります。

ワークシート「Sheet1」のB2セルの数式を上記のように変更すると、画面4のように宮城県の面積が得られます。

画面4　宮城県の面積が得られた

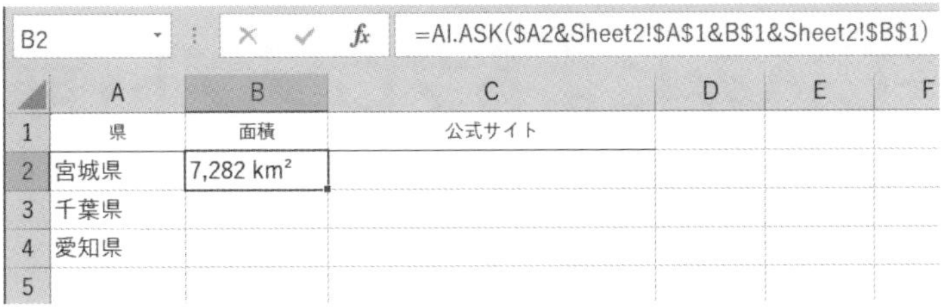

B2　=AI.ASK($A2&Sheet2!$A$1&B$1&Sheet2!$B$1)

	A	B	C	D	E	F
1	県	面積	公式サイト			
2	宮城県	7,282 km²				
3	千葉県					
4	愛知県					
5						

あとはC2セルおよびB3～C4セルにオートフィルなどでコピーします。プロンプトの固定部分であるワークシート「Sheet2」のA1セルとB1セルは、ともに絶対参照で指定していたので、行方向と列方向ともにコピーしても、行番号も列番号も変わないため必ず参照できます。

すべてコピーすると、画面5のように、3つの県の面積と公式サイトのURLが得られます。

画面5　3県の面積と公式サイトが得られた

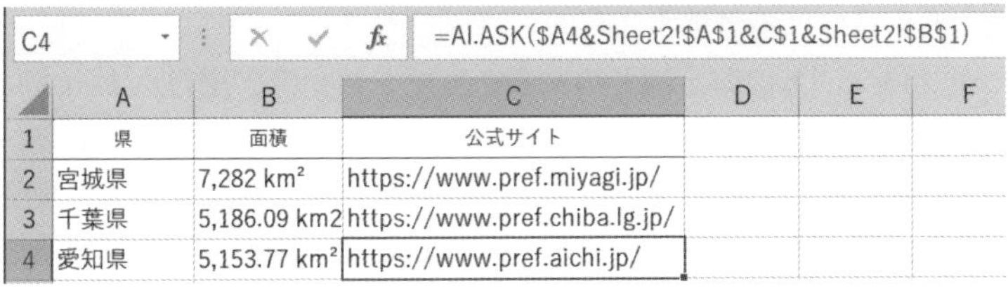

C4　=AI.ASK($A4&Sheet2!$A$1&C$1&Sheet2!$B$1)

	A	B	C	D	E	F
1	県	面積	公式サイト			
2	宮城県	7,282 km²	https://www.pref.miyagi.jp/			
3	千葉県	5,186.09 km2	https://www.pref.chiba.lg.jp/			
4	愛知県	5,153.77 km²	https://www.pref.aichi.jp/			

結果としては、前節と同じです。プロンプトの固定部分をセルに入力しておき、セル参照で使うよう組み立て方を変えただけであり、プロンプトの内容自体は変えてないので、同じ結果が得られます。しかし、プロンプトの固定部分をワークシート「Sheet2」のA1～B1セルにまとめたため、固定部分の文言を変更したくなった場合、A1～B1セルを変更するだけで済むようになりました。ワークシート「Sheet1」の方では、B2～C4セルの数式の変更や他セルへのコピーを行う必要が一切なくなり、より効率的になりました。

プロンプト作成の応用ワザのベースとなる考え方と仕組みは以上です。まとめると、プロンプトの雛形を用意し、差替え箇所に加え、固定部分も文言をセルに入力しておき、各セルを連結することで、プロンプトを組み立てるという考え方と仕組みです。

次節では、プロンプト作成の応用ワザを解説します。

差し込みによるプロンプト作成の応用ワザ　～その2

もっと見やすく、使い勝手よくしよう

本節では、前節で解説したベースとなる考え方と仕組みをもとに、プロンプト作成の応用ワザを解説します。

前節の例では、プロンプトを組み立てる数式は短くなったものの、見やすさはさほど向上していません。また、実際にどのようなプロンプトが組み立てられたのかを確認したい際、184ページで体験したようにプロンプトを組み立てる数式だけを暫定的にセルに入力する方法もありますが、AI.ASK関数まで入力した後では困難です。

また、プロンプトの固定部分の文言を変更したい際、場合によっては不都合が生じます。例えば、公式サイトのURLを取得するプロンプトで、固定部分「を簡潔に教えてください。」を「のURLを教えてください。」に変更したいとします。そのようにワークシート「Sheet2」のB1セルを変更すると、公式サイト用のプロンプトはよいのですが、同じB1セルを使っている面積用のプロンプトが「宮城県の面積のURLを教えてください。」となり、おかしくなってしまいます（図1）。このようにプロンプトの自由度も低いと言えます。

図1　文言変更で面積用プロンプトに齟齬

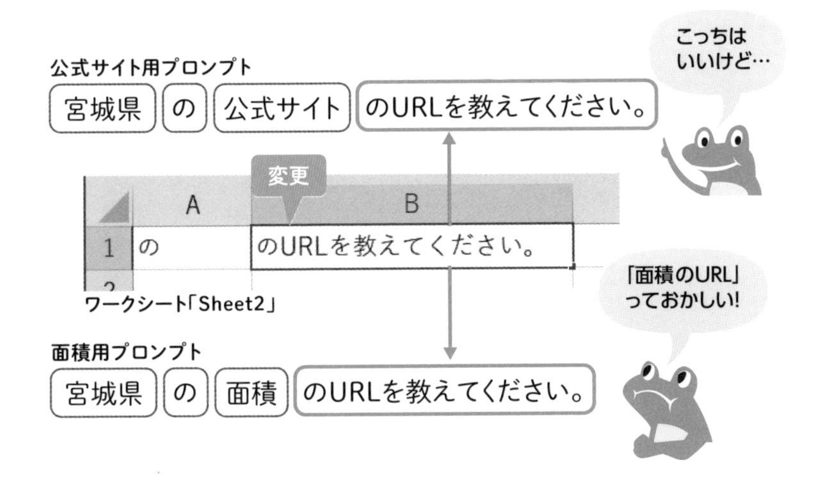

これから紹介する応用ワザは、これらの問題を解決したものです。引き続き同じ題材の例を用いて解説します。ここでは完成形をもとに解説します。ダウンロードファイルのブック「4-6.xlsx」です。

ワークシートは全部で3枚使います。ワークシート名は、1枚目を「Sheet1」、2枚目を「面積」、3枚目を「公式サイト」とします。他の名前でも構いませんが、今回はこれらのワークシート名とします。各ワークシートの完成形は画面1～画面3です。

画面1　Sheet1

B2　=AI.ASK(面積!A2)

	A	B	C
1	県	面積	公式サイト
2	宮城県	7,282 km²	https://www.pref.miyagi.jp/
3	千葉県	5,186.09 km2	https://www.pref.chiba.lg.jp/
4	愛知県	5,153.77 km²	https://www.pref.aichi.jp/
5			
8			

Sheet1　面積　公式サイト

画面2　面積

	A	B	C	D	E	F	G	H
1				の	面積	を	簡潔に	教えてください。
2	宮城県の面積を簡潔に教えてください。		宮城県	の	面積	を	簡潔に	教えてください。
3	千葉県の面積を簡潔に教えてください。		千葉県	の	面積	を	簡潔に	教えてください。
4	愛知県の面積を簡潔に教えてください。		愛知県	の	面積	を	簡潔に	教えてください。
5								

Sheet1 | 面積 | 公式サイト

画面3　公式サイト

E1　=Sheet1!C1

	A	B	C	D	E	F	G	H
1				の	公式サイト	を	簡潔に	教えてください。
2	宮城県の公式サイトを簡潔に教えてください。		宮城県	の	公式サイト	を	簡潔に	教えてください。
3	千葉県の公式サイトを簡潔に教えてください。		千葉県	の	公式サイト	を	簡潔に	教えてください。
4	愛知県の公式サイトを簡潔に教えてください。		愛知県	の	公式サイト	を	簡潔に	教えてください。
5								
6								
7								
8								
9								
10								
11								

Sheet1 | 面積 | 公式サイト

1枚目のワークシート「Sheet1」は、3つの県の面積と公式サイトのURLをまとめた表です。前節と全く同じ構成の表です。

ポイントは2枚目と3枚目のワークシートです。この2枚のワークシートは、プロンプトを組み立てる専用のワークシートです。2枚目のワークシート「面積」は、面積を取得するプロンプトを組み立てます。3枚目のワークシート「公式サイト」は、公式サイトのURLを取得するプロンプトを組み立てます。面積と公式サイトのURLそれぞれで、プロンプトの組み立て用のワークシートを設けるという構造および役割分担となっています。

まずは大まかな構造を把握しよう

ここで、3枚のワークシートの関係をはじめ、大まかな構造を図2のとおり提示します。

図2　3枚のワークシートの関係など大まかな構造

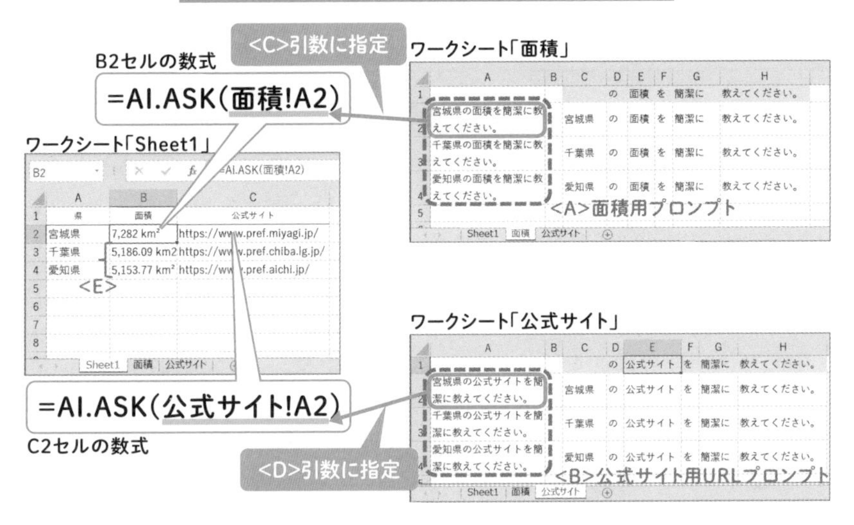

各ワークシートの詳細はのちほど改めて解説しますが、先に大まかな構造を図2にもとづいて解説します。

図2に示したとおり、ワークシート「面積」では、面積用プロンプトを県ごとに組み立てます。組み立て先のセルはA2～A4セルです（図2<A>）。県が3つあるので、A2～A4セルの3つのセルにそれぞれ組み立てます。ワークシート「公式サイト」でも同様に、県ごとの公式サイト用URLプロンプトをA2～A4セルに組み立てます（図2<B>）。

そのように組み立てたプロンプトは、1枚目のワークシート「Sheet1」の表にて、AI.ASK関数の引数にセル参照で指定します。例えば、宮城県の面積を取得したいB2セルなら、以下のAI.ASK関数の数式です。

ワークシート「Sheet1」のB2セル

```
=AI.ASK(面積!A2)
```

宮城県の面積を取得するプロンプトは図2<A>のとおり、ワークシート「面積」のA2セルに組み立てています。そのセル参照である「面積!A2」を、ワークシート「Sheet1」の表のB2セルにて、AI.ASK関数の引数に指定しています（図2<C>）。

一方、宮城県の公式サイトのURLを取得したいワークシート「Sheet1」のC2セルなら、以下のAI.ASK関数の数式になります。

ワークシート「Sheet1」のC2セル

```
=AI.ASK(公式サイト!A2)
```

宮城県の公式サイトのURLを取得するプロンプトは図2に示すとおり、ワークシート「公式サイト」のA2セルに組み立てています。そのセル参照である「公式サイト!A2」を、ワークシート「Sheet1」の表のC2セルにて、AI.ASK関数の引数に指定しています（図2<D>）。

ワークシート「Sheet1」の3行目の千葉県および4行目の愛知県についても、同様にAI.ASK関数を用いています（図2<E>）。

今までは前節の画面4などのように、ワークシート「Sheet1」の表にて、ASK関数の引数の中で、セル参照と＆演算子によってプロンプトを組み立てていました。本節の応用ワザでは図2のように、プロンプトの組み立てだけを、2枚目および3枚目のワークシートに分離しているのです。

以上が大まかな構造です。さらに、ここまでの解説のなかで、ワークシート「Sheet1」の表の細かい構造と仕組みも、あわせて解説しました。ワークシート「Sheet1」については、前節の例から、AI.ASK関数の引数が「面積!A2」など、シンプルな形式に変わっただけです。

面積のプロンプトを組み立てる仕組み

次に、2枚目のワークシート「面積」を詳しく解説します。先述のとおり、面積を取得するプロンプトを組み立てるワークシートです。全体の構成は図3のとおりです。

図3　ワークシート「面積」の構成

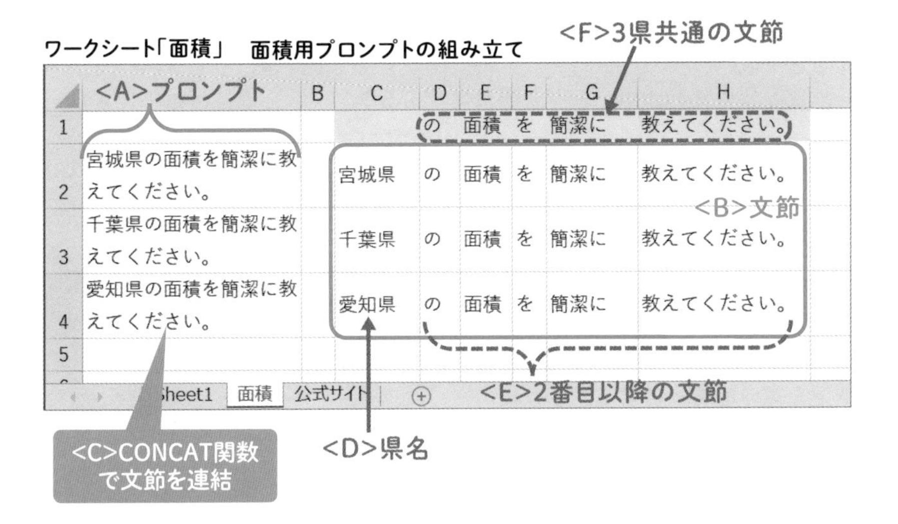

大まかな構成としては、A2 ～ A4セルがプロンプトの組み立て先です（図3<A>）。数式によってプロンプトを組み立て、その結果がセルに表示されます。3つの県ごとに面積用のプロンプトを組み立てるよう、A2 ～ A4セルで分けています。

各県のプロンプトの文節がC2 ～ H4セルです（図3<B>）。文節とは、ご存知の方も多いかと思いますが、文章を分割した単位のことです。例えば2行目では、宮城県の面積を取得するプロンプトをA2セルにて組み立てていますが、その文節がC2 ～ H2セルです。それらすべてをA2セルで連結することで、プロンプトを組み立てています。

なお、厳密にはG列の「簡潔に」とH列の「教えてください。」は文節単位で分割していませんが、ここでは解説を簡単にするため、分割しないままとします。また、わざわざ文節に分けて連結する理由は、本節の最後で解説します。

この時点で把握していただきたいワークシート「面積」の全体の構成は以上です。1行目のD1 ～ H1セルの役割なども含め、各部位の詳細はこれから解説します。なお、B列を空白列にしている目的は、単に見やすくするためだけです。この空白列は設けなくても問題ありません。

では、各部位を順に見ていきましょう。

A2 ～ A4セル

C2 ～ H4セルの文節を連結して、プロンプトを組み立ているセルです。連結は＆演算子ではなく、「CONCAT」関数を用いています（図3<C>）。引数に指定したセル範囲のデータを順に連結する関数です。書式は以下です。

書式

```
=CONCAT(セル範囲)
```

A2 ～ A4セルでは各行にて、C ～ H列で同じ行にある文節のセルを引数に指定しています。例えばA2セルなら、次の数式になります。同じ2行目の文節であるC2 ～ H2セルを引数に指定することで、すべて順に連結してプロンプトを組み立てています（画面4）。

```
=CONCAT(C2:H2)
```

画面4　C2 ～ H2セルをCONCAT関数で連結

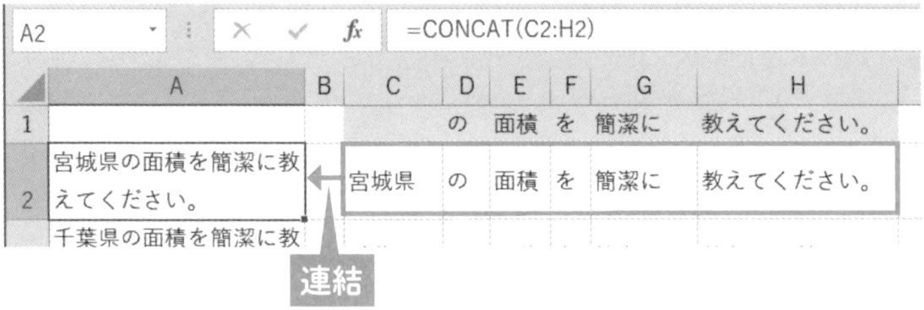

A2　=CONCAT(C2:H2)

	A	B	C	D	E	F	G	H
1				の	面積	を	簡潔に	教えてください。
2	宮城県の面積を簡潔に教えてください。		宮城県	の	面積	を	簡潔に	教えてください。
	千葉県の面積を簡潔に教							

連結

文節のセルの連結に＆演算子を使っても、決して誤りではないのですが、CONCAT関数なら、数式が非常にスッキリします。特に文節数が増えると、その差は如実に表れてきます。

加えて、もし文節の数が増えた場合、＆演算子だと数式の追記がメンドウですが、CONCAT関数なら引数のセル範囲を変更するだけで済むのもメリットです。

C2 ～ C4セル

プロンプトの先頭の文節です。雛形の差し込み箇所に該当し、県名が3つ並びます。

C2 ～ C4セルそれぞれの県名は、ワークシート「Sheet1」（画面1や図1を参照）のA2 ～ A4セルに入力されている県名を、セル参照で取得・入力しています（図3<D>）。

セル参照でなく、C2～C4セルに県名を直接手入力（いわゆる“ベタ打ち”）しても、決して誤りではありません。しかし、セル参照しておけば、ワークシート「Sheet1」側で県名が変更された際、連動して変更されるメリットがあります。

セル参照の方法ですが、ここではスピル機能を利用し、以下の数式をC2セルに入力しています。

```
=Sheet1!A2:A4
```

「=」とワークシート名の「Sheet1」と「!」に続けて、「A2:A4」と目的のセル範囲を指定しています。これで、C2セルに加え、C3セルからC4セルにかけて、ワークシート「Sheet1」のA2～A4セルにある3つの県名が参照によって取得・入力されます。

画面5はC2セルを選択した状態であり、数式バーに上記数式が表示されるとともに、スピルの範囲が青い細線で示されています。

画面5　3つの県名はセル参照とスピルで入力

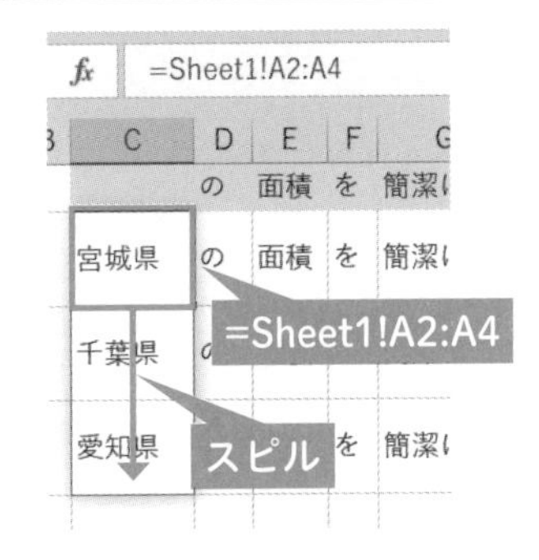

また、C3セルやC4セルを選択すると、数式バーには、C2セルの数式が薄いグレーの文字で表示されます。これはChapter03 06で解説したように、専門用語でゴーストと呼ぶのでした。

もちろん、スピルでなくとも、C2～C4セルそれぞれに、「=Sheet1!A2」など、ワークシート「Sheet1」のA2セルやA3セルやA4セルを参照する数式を個別に入力しても、決して誤りではありません。しかし、スピルだと、セル参照の数式を入力するのは、C2セルの1つだけで済むのがメリットです。

D2 ～ H4セルおよびD1 ～ H1セル

D2 ～ H4セルは、プロンプトの先頭から2番目以降の文節です（図3<E>）。これら5つの文節は、3つの県のプロンプトで共通しています。文節をつなぎ合わせると「の面積を簡潔に教えてください。」になり、県名以外の文節すべてに該当します。

これらの文節の中で、E2 ～ E4セルの「面積」以外はすべて、プロンプト雛形の固定部分です。それらの文言は、各セル（D2 ～ D4セルとF2 ～ H4）にすべてベタ打ちしてもよいのですが、ここではD1 ～ H1セル（図3<F>）を使った方法を採っています。各文節の文言を1行目だけにベタ打ちで入力し、2 ～ 4行目はセル参照で取得・入力するという方法です（図4）。

図4　各文節の文言は1行目だけに入力

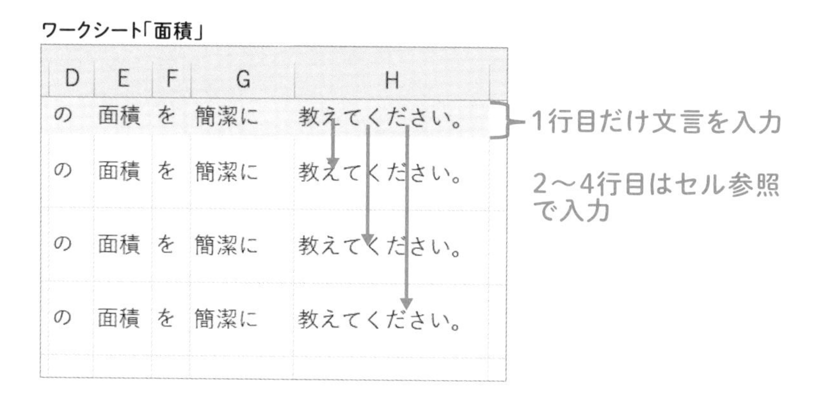

その方法をもう少し詳しく解説しましょう。例えばD列なら、固定部分の文言は「の」です。この「の」をD1セルに入力しておきます（画面6）。

画面6　D1セルに「の」を入力

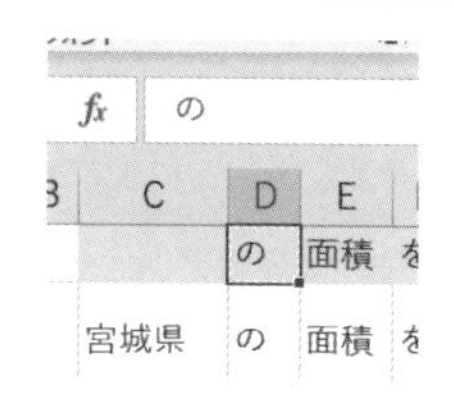

そして、D2セルに以下の参照の数式を入力します。

```
=D$1
```

これで、D2セルにはセル参照によって、D1セルの「の」が取得・入力されます（画面7）。

画面7　D2セルはD1セルを参照

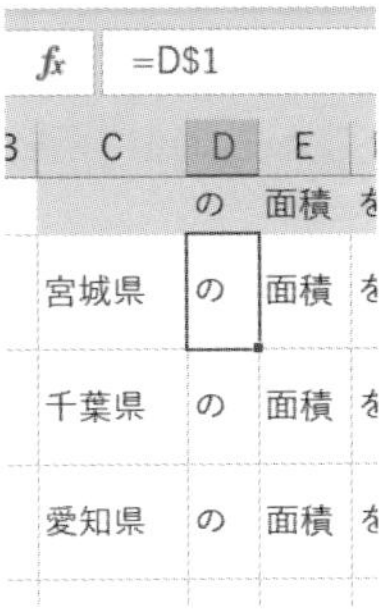

fx =D$1

C	D	E	
	の	面積	を
宮城県	の	面積	を
千葉県	の	面積	を
愛知県	の	面積	を

画面7では、その下のD3～D4セルにD2セルをオートフィルなどでコピーし、同じくD1セルの「の」をセル参照で取得・入力した状態です。D2セルに入力した上記のセル参照の数式では、行番号のみに「$」を付け、行番号を固定する複合参照としています。そのため、D2セルを行方向にコピーすると、行は固定してあるので、D3セルにもD4セルにも「=D$1」が入力されます。よって、同じD1セルを参照できます。

この1行目はF1～H1セルも、プロンプトの固定部分が文節ごとにベタ打ちで入力してあります。

E1セルだけは、ベタ打ちにしていません。ワークシート「Sheet1」のB1セルを下記の数式で参照することで、文言「面積」を取得・入力しています（画面8）。ワークシート「Sheet1」のB1セルは、表の列見出しの文言「面積」であり、その値をセル参照で取得・入力しているのです。

```
=Sheet1!B1
```

画面8　E1セルは表の列見出しセルを参照

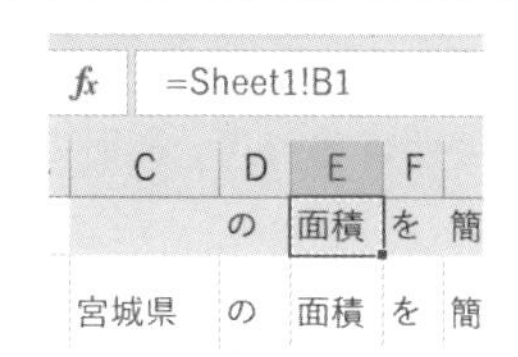

E1セルは「面積」をベタ打ちでも決して誤りではありませんが、プロンプト雛形の差し込み箇所ということもあり、表の列見出しからセル参照で取得・入力する方式にしました。

ワークシート「面積」のE1 ～ H1セルは、以上のようにプロンプトの3番目以降の文節を取得・入力しています。その下のE2 ～ H4セルには、D2 ～ D4セルと同様にセル参照で値を取得・入力しています。

それらの数式を入力する際、D2 ～ D4セルをオートフィルなどでH列までコピーすれば済みます。D2 ～ D4セルの数式はすべて「=D$1」であり、固定しているのは行番号のみです。D2 ～ D4セルをE ～ H列にコピーすれば、列番号が自動で変化し、目的のセル参照の数式を入力できます。

なお、D2 ～ H4セルはわざわざセル参照によって、D1 ～ H1セルと同じ値を取得・入力しているのは、わかりやすさを優先したためです。実はA2 ～ A4セルで使っているCONCAT関数は、とびとびのセル範囲をカンマ区切りで指定できます。例えばC2セル（値は「宮城県」）とD1 ～ H1セルをカンマ区切りで、「=CONCAT(C2,D1:H1)」と指定すると連結され、目的のプロンプトを組み立てられます。今回は県ごとに、プロンプトを構成する文節をよりわかりやすくするため、D2 ～ H4セルにD1 ～ H1セルと同じ値を取得・入力しています。

少々長くなりましたが、ワークシート「面積」の詳細は以上です。このような構成のワークシートとCONCAT関数、セル参照などによって、3つの県の面積を取得するプロンプトをA2 ～ A4セルに組み立てています。そして、図3で示したとおり、それらA2 ～ A4セルのプロンプトをワークシート「Sheet1」の表にて、B列「面積」のB2 ～ B4セルで、AI.ASK関数の引数にセル参照でそれぞれ指定しています。

ここで整理の意味で、ワークシート「面積」とワークシート「Sheet1」のセル参照の関係を図5にまとめておきます。

図5　ワークシート「Sheet1」と「面積」のセル参照

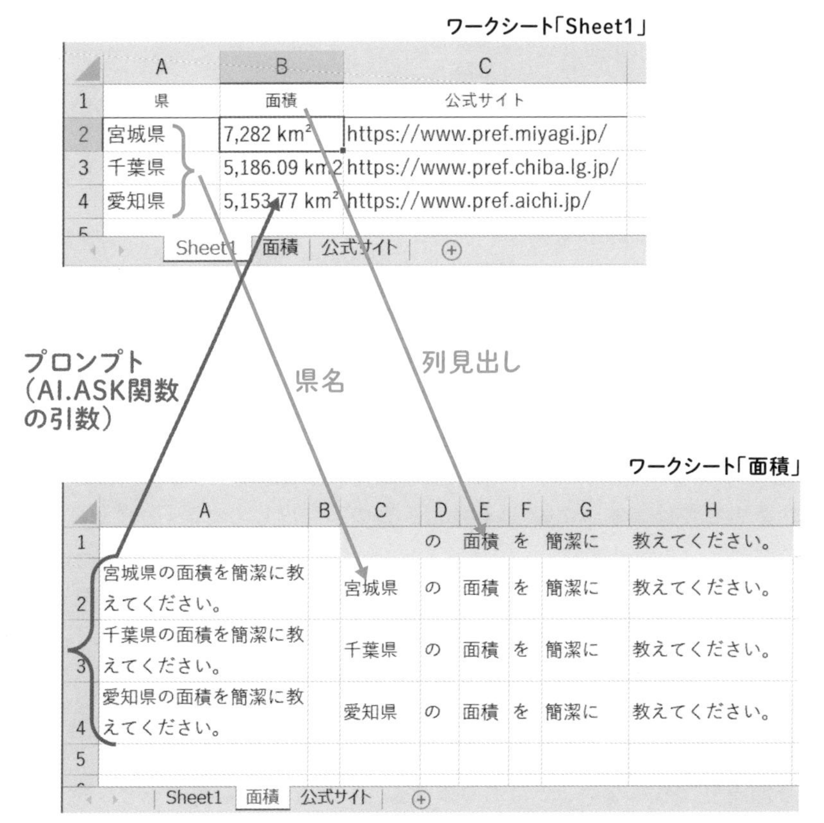

 ワークシート「公式サイト」の構成と仕組み

3枚目のワークシート「公式サイト」は、公式サイトのURLを取得するプロンプトを組み立てるワークシートでした。構成と仕組みは、ワークシート「面積」とほぼ同じです。異なるのは、E1セルの値が「公式サイト」である点だけです（画面9）。

画面9　E1セルの値が「公式サイト」

E1 ▾ : × ✓ fx =Sheet1!C1

	A	B	C	D	E	F	G	H
1				の	公式サイト	を	簡潔に	教えてください。
2	宮城県の公式サイトを簡潔に教えてください。		宮城県	の	公式サイト	を	簡潔に	教えてください。
3	千葉県の公式サイトを簡潔に教えてください。		千葉県	の	公式サイト	を	簡潔に	教えてください。
4	愛知県の公式サイトを簡潔に教えてください。		愛知県	の	公式サイト	を	簡潔に	教えてください。
5								
6								
11								

Sheet1 | 面積 | 公式サイト

E1セルでは、ワークシート「Sheet1」のC1セルの値をセル参照によって取得・入力しています。このC1セルは、表の列見出しの文言「公式サイト」が入力されているセルです。

あとはワークシート「面積」と同様の仕組みによって、各県の公式サイトのURLを取得するプロンプトをA2～A4セルに組み立てています。そして図3のとおり、そのプロンプトをワークシート「Sheet1」の表にて、C列「公式サイト」のC2～C4セルで、AI.ASK関数の引数にそれぞれ指定しています。

なお、面積と公式サイトでワークシートを分けなくても、目的のプロンプトを組み立てられないことはありませんが、わかりやすさや管理しやすさなどから分けています。

なぜプロンプトを文節に分けたのか

3枚のワークシートの解説は以上です。次に、あとまわしにしていた、そもそもプロンプトをわざわざ文節に分けて、結合する理由を解説します。「差し込み箇所だけ分割すれば、残りは文節に分ける必要はないんじゃないの？」とギモンに思われた読者の方もいたかもしれません。

文節に分ける理由は、言い回しや長さなどを変えたプロンプトをより組み立てやすくするためです。

例えば、各県の公式サイトのURLを取得するプロンプトは、「<県名>の公式サイトを簡潔に教えてください。」という雛形です。ここで、文節「公式サイト」の後ろに「のURL」を挿入して、「<県名>の公式サイトのURLを簡潔に教えてください。」という形式に変更したいとします。

その形式にプロンプトを変更した場合のワークシート「公式サイト」が画面10です。「の」と「URL」で文節を分け、F列とG列に挿入しています。

画面10　文節「の」と「URL」をF～G列に挿入

G1　URL

	A	B	C	D	E	F	G	H	I	J
1				の	公式サイト	の	URL	を	簡潔に	教えてください。
2	宮城県の公式サイトのURLを簡潔に教えてくだ		宮城県	の	公式サイト	の	URL	を	簡潔に	教えてください。
3	千葉県の公式サイトのURLを簡潔に教えてくだ		千葉県	の	公式サイト	の	URL	を	簡潔に	教えてください。
4	愛知県の公式サイトのURLを簡潔に教えてくだ		愛知県	の	公式サイト	の	URL	を	簡潔に	教えてください。
5										

挿入したF～G列にて、1行目のF1セルに「の」、G1セルに「URL」という文言をベタ打ちで入力しています。2～4行目のF2～G4セルには、セル参照で1行目と同じ文言を取得・入力します。

そして、A2～A4セルのCONCAT関数は、この挿入にあわせて、引数のセル範囲を2列ぶん増やし、J列まで含めるよう修正します。例えばA2セルなら、「の」と「URL」の挿入前は「=CONCAT(C2:H2)」でしたが、挿入にあわせて以下のように修正します。

```
=CONCAT(C2:J2)
```

引数のセル範囲で、終点セルの列番号をHからJに変更しただけです。これで連結対象のセル範囲を2列ぶん増やしています。A3～A4セルのCONCAT関数も同様に修正します。すると、画面10のように、A2～A4セルには、「<県名>の公式サイトのURLを簡潔に教えてください。」という形式でプロンプトが組み立てられました。意図通り、「公式サイト」の後ろに「のURL」が挿入された形式になっています。

なお、ここでは「の」と「URL」は分けましたが、「のURL」と1つにまとめ、1列のみ挿入するかたちでも構いません。目的のプロンプトを柔軟に組み立てられるという目的さえ達成できれば、文節などはどのように分けてもOKです。

文節を変えつつプロンプトを組み立てる

文節を変える例をいくつか紹介します。画面11はI列の文節「簡潔に」を取り除いたプロンプトです。

画面11 「簡潔に」を削除したプロンプト

I2

	A	B	C	D	E	F	G	H	I	J
1				の	公式サイト	の	URL	を	簡潔に	教え
2	宮城県の公式サイトのURLを教えてください。		宮城県	の	公式サイト	の	URL	を		教えてください。
3	千葉県の公式サイトのURLを教えてください。		千葉県	の	公式サイト	の	URL	を		教えてください。
4	愛知県の公式サイトのURLを教えてください。		愛知県	の	公式サイト	の	URL	を		教えてください。

空にする

I2～I4セルのセル参照の数式を削除して、空にしてあります。A2～A4セルには意図通り、「簡潔に」を取り除いたプロンプトが組み立てられています。

CONCAT関数では、引数に空のセルが含まれていると、そのセルは空の文字列として連結します。そのため、実質、連結の対象から除外されるため、このようなことが可能になります。

また、元の「<県名>の公式サイトを簡潔に教えてください。」の形式に戻したければ、I列「簡潔に」のI2～I4セルで、セル参照の数式を復活させます。その数式はいちいち手入力しなくとも、H2～H4セルをコピーすればよいでしょう。同時に、F列「の」とG列「URL」のF2～G4セルを空にすればOKです（画面12）。

画面12　F2～G4セルを空にして元のプロンプトに戻す

F2

	A	B	C	D	E	F	G	H	I	J
1				の	公式サイト	の	URL	を	簡潔に	教えてください。
2	宮城県の公式サイトを簡潔に教えてください。		宮城県	の	公式サイト			を	簡潔に	教えてください。
3	千葉県の公式サイトを簡潔に教えてください。		千葉県	の	公式サイト			を	簡潔に	教えてください。
4	愛知県の公式サイトを簡潔に教えてください。		愛知県	の	公式サイト			を	簡潔に	教えてください。

空にする

　このように文節のセルを自由に追加したり、連結対象から外したりできます。さらには、1行目のC列より後ろで文節の文言を変更したり、J列以降に追加する文のセルを足したりするなども可能です。内容や言い回しなどを変えたプロンプトを柔軟かつ効率よく作成できます。

　加えて、先述のとおり、「簡潔に」と「教えてください。」は現状、厳密に文節に分けていないので、これらも分割すると、より柔軟性がアップします。ただ、厳密に分けすぎると文節数が多くなり、扱いづらくなるなどの弊害も生じるので、ちょうどよい数で分割するよう調整しましょう。

　また、細かいテクニックですが、A2～A4セルのCONCAT関数の引数で、セル範囲の終点セルの列番号は多めに指定しておくと、プロンプトの文節数が多少増減しても、列番号を変更する必要がなくなります（図6）。

図6　終点セルの列は多めに指定しておく

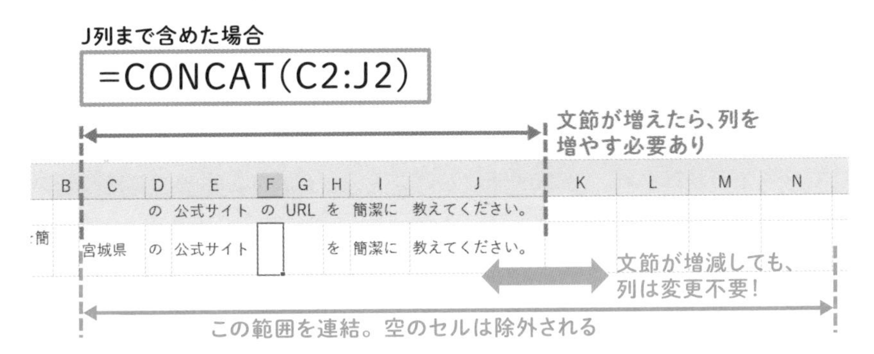

N列まで含めた場合

=CONCAT(C2:N2)

図6では例としてN列まで指定していますが、他にも例えば、Z列まで指定しておけば、文節数は24までなら（C～Z列で24列）、増えても減っても列番号の変更は不要です。空のセルは先述のとおり、連結対象から除外されるので全く問題ありません。

本節ではプロンプトの組み立てに、複数のワークシートを用い、セル参照とCONCAT関数を用いましたが、もちろん他の関数や演算子、各種機能も利用できます。

例えば、ワークシート「面積」や「公式サイト」にて、D1～J1セルにおける文節の固定部分は、文言のベタ打ちの手入力ではなく、「データ入力規則」機能を利用し、ドロップダウンによって選んで入力可能とします。すると、何種類かの文言を切り替えながら試したい場合などに、作業がグッとラクになります。

さらに、E1セルの「面積」はセル参照で取得していますが、他のセルも同様に参照で取得したり、XLOOKUP関数で別表から抽出したりする方法なども考えられます。他にもアイディア次第で可能性は広がるでしょう。

また、各ワークシートでセル参照や数式が増えてきたら、指定ミスなどが起こりやすくなります。その際は［数式］タブの［数式の表示］や［参照元のトレース］、［参照先のトレース］といったExcelの便利機能を駆使し、誤った箇所の特定と修正を行うと効率的です。

API使用量を節約しながら使うには

ここまで解説したとおり、本節の応用ワザなら、プロンプトをいろいろ試せます。ただし、十分注意してほしいのがAPIの使用量の増加です。

通常はプロンプトの文節など、1つのセルが変更されると、すべてのセルにて自動で再計算され、AI.ASK関数が再び実行されます。本節の応用ワザの場合、プロンプトを組み立てるワークシート「面積」や「公式サイト」で、セルの値などが変更される度に、ワークシート「Sheet1」の表に入力された複数のAI.ASK関数が再計算されてしまいます。そのため、API使用量があっと言う間に膨れ上がります。

そういった事態を避けるには、Chapter03 05で紹介した【節約方法2】のとおり、Excelの自動計算を無効化するのが有効です。無効化や手動再計算の方法は同節を参照してください。

今回の例でAPI使用量を節約しながら使う流れは、例えば次のとおりです（図7）。

図7　API使用量を節約しながら使う例

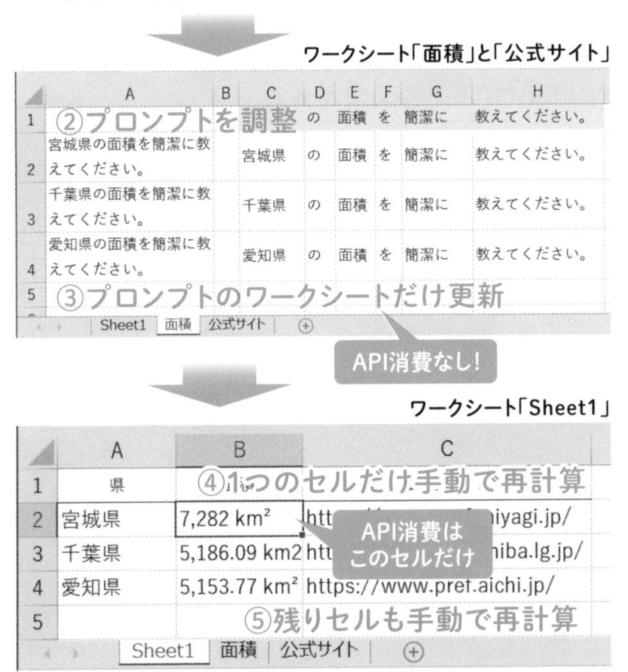

まずはExcelの①自動計算を無効化します。以降はワークシート「面積」や「公式サイト」といったプロンプトを組み立てるワークシートで、②文節のセルの値などを変更したら、Shift＋F9キーなどで、③そのワークシートだけ再計算して更新します。これらのワークシートではChatGPT関数を一切使っていないので、APIの消費量は増えません。ワークシートを分けたのは、このためでもあります。

そして、ワークシート「Sheet1」の表では、④1つのセルだけ手動で再計算して、AI.ASK関数を1回だけ実行します。求める回答が得られ、プロンプトに問題がないと確認できたら、⑤残りのセルも再計算します。

もし、求める回答が得られなければ、ワークシート「面積」または「公式サイト」に戻り、セルの値を変更するなどプロンプトを変更します。そののち、再びワークシート「Sheet1」で、1つのセルだけ手動で再計算します。それで求める回答が得られたら、残りのセルも再計算します。求める回答が得られなければ、上記を繰り返します。

以上がAPI使用量を節約しながら使う流れの例ですが、他にも何通りか考えられます。いずれにせよ、APIの使用量に注意しつつ、本節の応用ワザを利用してください。

Web版ChatGPTにも活用できる

また、本節の応用ワザはChatGPT関数だけでなく、Web版ChatGPTにも活用できます。ChatGPT自体はWeb版をWebブラウザーで使い、プロンプトを組み立てだけをExcel上で行うスタイルになります（図8）。

図8　Excelでプロンプトを組み立てWeb版で使う

Excel

	A	B	C	D	E	F	G	H
1				の	面積	を	簡潔に	教えてください。
2	宮城県の面積を簡潔に教えてください。		宮城県	の	面積	を	簡潔に	教えてください。
3	千葉県の面積を簡潔に教えてください。		千葉県	の	面積	を	簡潔に	教えてください。
4	愛知県の面積を簡潔に教えてください。		愛知県	の	面積	を	簡潔に	教えてください。
5								

プロンプト組み立てのみ

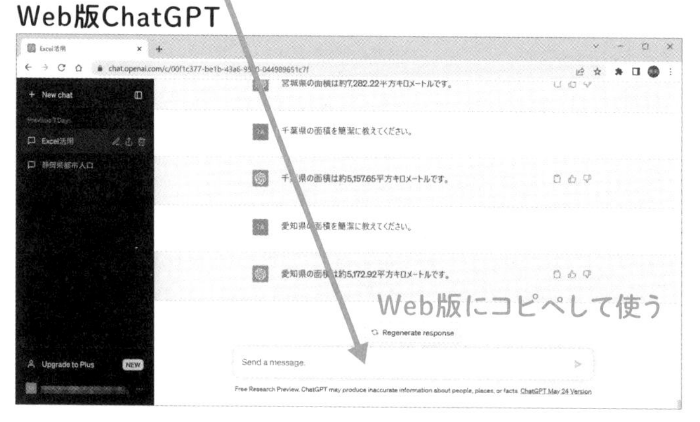

今回の例のケースなら、Excelにワークシート「面積」と「公式サイト」のみを用意し、A2～A4セルに組み立てたプロンプトをクリップボードにコピーします。そして、Webブラウザーに切り替え、Web版ChatGPTに貼り付けて送信します。

このスタイルだと、ChatGPT関数は使わないので、APIは一切消費しません。そのため、API使用量を気にせず、さまざまなプロンプトをガンガン試せるのがメリットです。

ChatGPTはChatGPT関数であろうとWeb版であろうと、いかに適切なプロンプトを効率よく組み立てられるかが重要です。そして、多くの場合、適切なプロンプトにたどり着くには、ある程度の試行錯誤が必要となります。その作業にExcelを有効活用しましょう。

オリジナルのChatGPT関数をVBAで作る

ChatGPTのAPIをVBAのプログラムから使う

本書のChapter01 02では、ChatGPTとExcelの組み合わせは3つのスタイルがあり、3つ目は「プログラミングでAPI経由で利用」と挙げました。VBAやPythonなどのプログラミング言語で記述したプログラムから、APIを経由してChatGPTを利用するスタイルでした。本節では、VBAの簡単な例を紹介します。

VBAはExcelに標準で付属しているプログラミング言語であり、Excelの各種操作を自動化できます。それに加え、ExcelからChatGPTのAPIを利用し、ChatGPTにプロンプトを送り、回答を得ることも可能です。

今回はその一例として、オリジナルのChatGPT関数のプログラムを紹介します。VBAに詳しい読者の方ならご存知かもしれませんが、VBAを使えば、オリジナルのExcel関数を作ることができます。関数と言えば、SUM関数やXLOOKUP関数をはじめ、Excelに標準で搭載されている関数を思い浮かべるでしょう。VBAならオリジナルの関数を自作できます。今回はオリジナルのChatGPT関数をVBAで作成します。

また、本書Chapter03では、アドインのChatGPT関数を解説しました。本節ではいわば、AI.ASK関数やLABS.GENERATIVEAI関数の簡易版を自作します。アドインを追加する代わりに、VBAでプログラムを組むかたちになります。それらの関数と同様に、APIキーが必要です。取得方法は79ページを参照してください。

オリジナルのChatGPT関数の機能と使い方

これからオリジナルのChatGPT関数のVBAのプログラムを解説しますが、最初にその関数の機能と使い方をザッと紹介します。機能は、引数にプロンプトの文字列を指定すると、ChatGPTの回答が戻り値として得られるというものです。関数名は「AskChatGPT」とします。筆者が考えて命名した関数名になります。

AskChatGPT関数の書式は以下です。

書式

=AskChatGPT(プロンプト)

引数はこの1つだけなど、AI.ASK関数よりは機能が少ないのですが、基本的な機能や使い方はまさにAI.ASK関数やLABS.GENERATIVEAI関数と同じです。使用例はのちほど紹介します。

VBAのプログラムを書いて準備

AskChatGPT関数を自分のExcelで使えるようにするには、そのVBAのプログラムを次の手順で準備します。プログラムのポイントはのちほど解説しますので、とりあえず手順通りに作業してください。

①Excelの新規ブックを開いたら、Alt+F11キーなどで、「VBE」(Visual Basic Editor)を起動してください。VBEはVBAの開発ツールであり、Excelに標準で付属しています。続けて、メニューバーの[挿入]→[標準モジュール]をクリックしてください(画面1)。

画面1　VBEを開き、「標準モジュール」を挿入

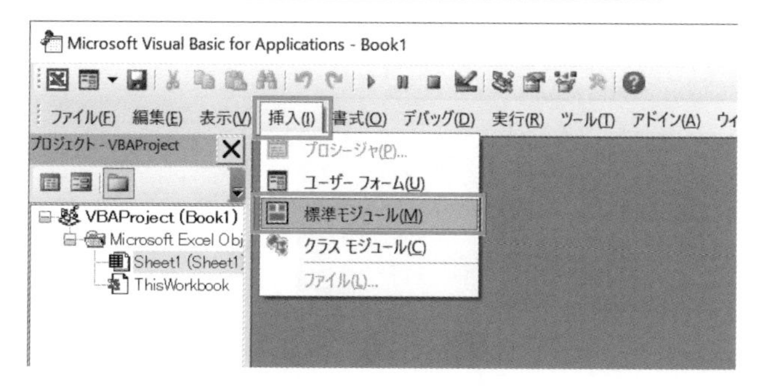

②プログラムを書く画面が開くので、下記のコードを入力してください。「自分のAPIキーを入力」の箇所には、ご自分のAPIキーを入力してください。すべてのコードを手入力するのが大変なら、本書ダウンロードファイル(5ページ)に用意しましたので、そちらを適宜コピペしてください。ま

た、「(1)」などコード上の連番は、後ほどポイントを解説する際に用います。誤って入力しないよう注意してください。

```
Option Explicit

Function AskChatGPT(prompt As String) ―――――――――― (1)
    Dim URL As String
    Dim API_KEY As String

    Dim objHttp As MSXML2.XMLHTTP60
    Dim reqBody As String
    Dim res As String
    Dim pos1 As Long
    Dim pos2 As Long
    Dim strContent As String

    URL = "https://api.openai.com/v1/chat/completions "
    API_KEY = "自分のAPIキーを入力" ―――――――――― (2)

    reqBody = "{""model"": ""gpt-3.5-turbo"",""messages"": [{""role"": ""user"", ""content"": """ _ ―― (3)
        & prompt & """}],""temperature"":0}"

    Set objHttp = New MSXML2.XMLHTTP60                    ┐
                                                          │
    With objHttp                                          │
        .Open "POST", URL, False                          │
        .setRequestHeader "Content-Type", "application/json"
        .setRequestHeader "Authorization", "Bearer " & API_KEY
        .send reqBody                                     ├―― (4)
                                                          │
        Do While .readyState <> 4                         │
            DoEvents                                      │
        Loop                                              │
                                                          │
        res = .responseText                               │
    End With                                              ┘
```

```
    pos1 = InStr(res, "content") + 11
    pos2 = InStr(pos1, res, """")
    strContent = Mid(res, pos1, pos2 - pos1)                      ―― (5)
    strContent = Replace(strContent, "¥n¥n", vbLf)
    strContent = Replace(strContent, "¥n", vbLf)

    Set objHttp = Nothing

    AskChatGPT = strContent ―――――――――――――――――――――――― (6)
End Function
```

コードを入力し終わると画面2の状態になります（画面で見えるコードは途中の「End With」までです）。黒塗りの箇所はAPIキーです。

画面2　コードを入力し終わったVBE

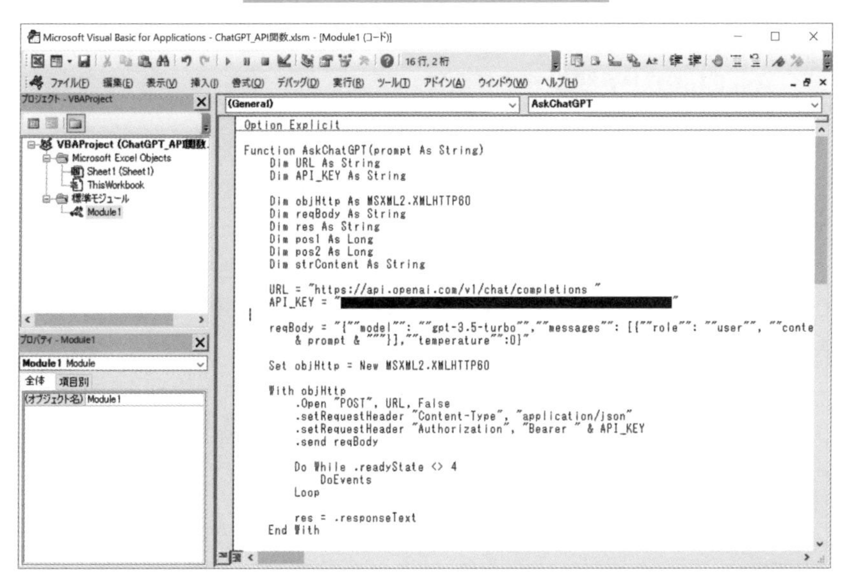

③VBEのメニューバーの［ツール］→［参照設定］をクリックしてください。「参照設定」ダイアログボックスが開くので（画面3）、［Microsoft XML, v6.0］にチェックを入れて、［OK］をクリックしてください。

画面3 ［Microsoft XML, v6.0］をチェック

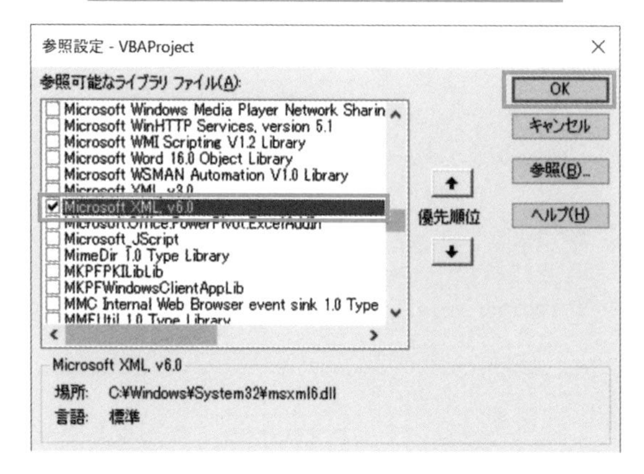

これで準備完了です。オリジナルのChatGPT関数であるAskChatGPT関数がワークシート上で使えるようになりました。

AskChatGPT関数の使用例

AskChatGPT関数の使用例をいくつか紹介します。Chapter02 ～ Chapter04 06までと同じく、お手元のExcelで得られる回答はChatGPTの性質上、誌面と一致しないケースがあることをあらかじめご留意ください。

まずは「オーストラリアの首都を教えてください。」というプロンプトをChatGPTに送り、その回答を得るとします。AskChatGPT関数の入力先はA1セルとします。

「=」に続けて関数名の冒頭何文字かを入力すると、画面4のようにAskChatGPT関数が候補に挙がります。なお、画面4は回答が見やすくなるよう、A列の列幅を広げています。以下同様です。

画面4 関数の候補にAskChatGPT関数が挙がる

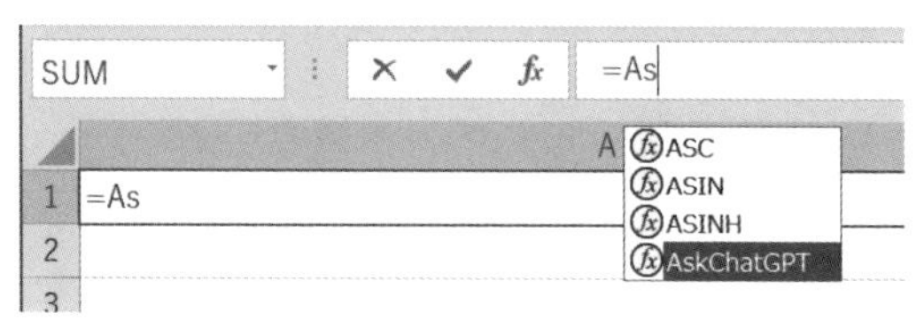

AskChatGPT関数の引数に目的のプロンプトを入力すると、画面5のようにChatGPTの回答が得られます。

画面5　AskChatGPT関数で回答が得られた

A1　=AskChatGPT("オーストラリアの首都を教えてください。")

	A	B	C
1	オーストラリアの首都はキャンベラ（Canberra）です。		
2			

もちろん、プロンプトを任意のセルに用意しておき、そのセル参照を引数に指定することも可能です。画面6はプロンプトをA3セルに用意した例です。

画面6　A3セルに用意したプロンプトを引数に指定

A1　=AskChatGPT(A3)

	A
1	https://www.city.kobe.lg.jp/
2	
3	神戸市の公式サイトのURLを教えてください。
4	

以上がAskChatGPT関数の基本的な使い方です。AI.ASK関数やLABS.GENERATIVEAI関数の簡易版ということで、使う際は以下2点を注意してください。

プロンプトの改行には非対応

画面7はAskChatGPTの数式を入力し、引数にはA3セルに入力したプロンプトを指定した例です。A3セル内では、途中で改行しています。この画面7のように、プロンプトが途中で改行してあると、適切な回答が得られません。

画面7　プロンプトに改行があるのはNG

A1　=AskChatGPT(A3)

	A
1	or
2	
3	次の住所にふりがなを振ってください。 北海道札幌市中央区北3条西6丁目
4	

A3セルのプロンプトの改行をなしにすると、画面8のように適切な回答を得られます。

画面8　プロンプトから改行を削除すればOK

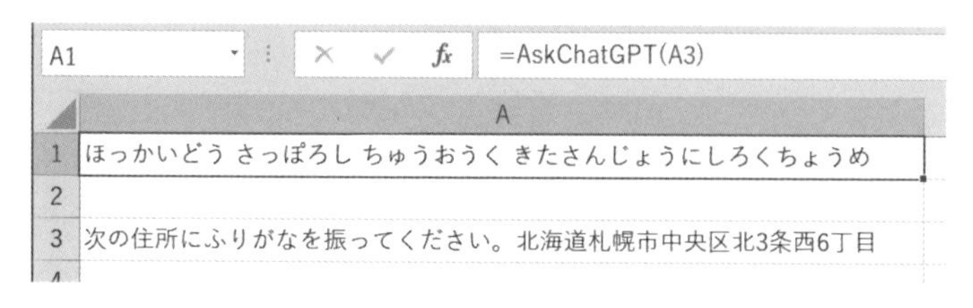

リスト形式や表形式の回答には非対応

リスト形式の回答を得ても、AI.LIST関数のように、複数のセルに取得することはできません（画面9）。1つのセルにまとめて取得します。

画面9　回答はリスト形式で得られない

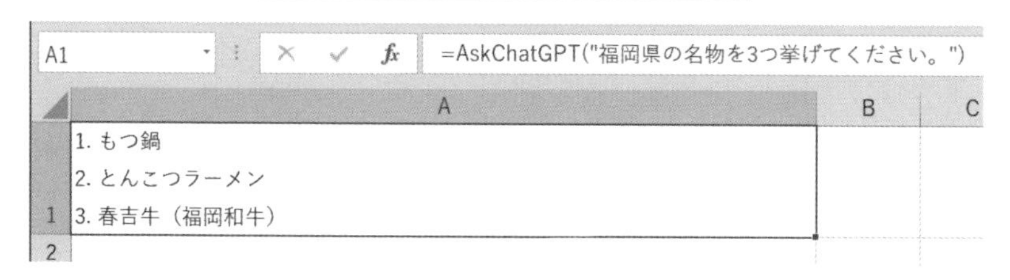

回答を表形式で得ることもできません（画面10）。表形式で要求しても、表の代わりに、「|」や「-」で区切られた回答が得られます。

画面10　回答は表形式で得られない

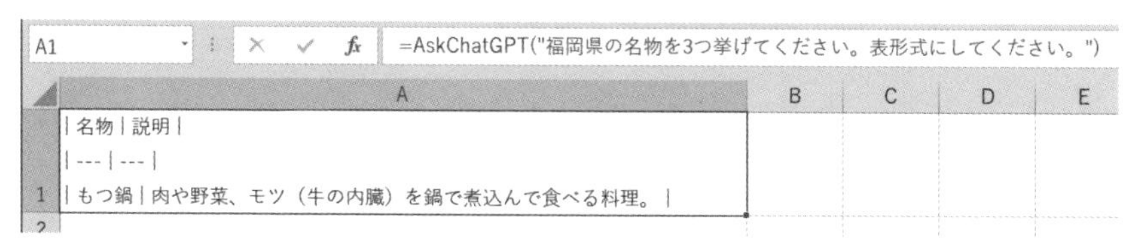

他にも非対応なプロンプトや回答のパターンはいくつかありますが、簡易版ということでご容赦ください。

コードのポイントをザックリ解説

AskChatGPT関数のコードのポイントを簡単に解説します。ここからはVBAの知識が必要です。208ページのコードおよび連番を見ながら、次の解説をお読みください。

(1) VBAでオリジナルの関数を作るには、Functionプロシージャを使います。Functionプロシージャの名前が関数名になり、引数がそのまま関数の引数になります。ここでは引数はString型（文字列型）の「prompt」としています。プロンプトを受け取る引数です。

(2) APIキーを変数API_KEYに格納し、以降の処理に使います。Constで定数にしてもよいのですが、今回は変数にしました。

(3) ChatGPTのAPIに送るデータを組み立てています。メインとなるのは、プロンプトである(1)の引数promptです。他にも必要な設定などのパラメーターも含めます。

「""temperature"":0」の箇所は、「temperature」というパラメーターに0を設定しています。このパラメーターは「回答のランダムさ」です。Chapter03 06の節末コラム（122ページ）にて紹介した、AI.ASK関数などの第3引数temperatureと同じ役割です。temperatureパラメーターは0から2までの数値（小数含む）で指定します。0が最もランダムさが小さくなります。デフォルトは1です。今回のプログラムでは、0に設定することで、ランダムさを最小にしています。

(4) プロンプトを含む(3)のデータを、インターネット経由でChatGPTのAPIに送信します。さらに、その回答を取得し、変数「res」に格納しています。通信に必要なモジュール（Microsoft XML,v6.0）はデフォルトでは無効であり、画面3の参照設定によって有効化しています。

(5) 取得した回答には、回答の本体である文字列以外にも、いくつか情報が付与されています。(5)はその中から回答本体を取り出し、変数strContentに格納しています。

(6) Functionプロシージャは、プロシージャの最後に「Functionプロシージャ名 = 値」の形式のコードを書くと、その値をオリジナルの関数の戻り値にできます。(6)では、(5)で取り出したChatGPTの回答が格納してある変数strContentをFunctionプロシージャ名のAskChatGPTに代入することで、回答を戻り値にしています。

プログラムのポイントは以上です。

ここで(3)の処理について補足します。先述のとおり、プロンプトなどをChatGPTのAPIに送るデータを組み立てる処置です。プロンプト以外に指定しているパラメーターの意味、他に指定可能なパラメーターなど、APIの詳細は下記URLの公式サイト(英語)をご覧ください。

【URL】

https://platform.openai.com/docs/api-reference

続けて、(5)の処理で補足します。ChatGPTのAPIでは、回答のデータは「JSON」(JavaScript Object Notation)という形式で返されます。インターネットでよく利用されている形式です。(5)はJSON形式のデータの中から回答本体を取り出していますが、その方法は今回、非常に強引かつ原始的な処理手順を採用しています。大まかに言えば、ChatGPTのAPIの仕様として、JSONデータ内の「content」というキーワードの11文字後ろに回答本体があると決められているので、「content」を検索してから、11文字後ろ以降を切り出しています。

本来はJSON処理用の外部モジュールを入手・追加して使った方がプログラムが飛躍的にスマートになるのですが、入手・追加作業などの関係から、今回は採用しませんでした。補足は以上です。

本コラムのプログラムはFunctionプロシージャではなく、Subプロシージャにすれば、関数ではなく、通常の自動化プログラムとして、さまざまな用途に使えるようになります。VBAに詳しい読者の方は余裕があれば、自分でプログラムを発展させるとよいでしょう。

また、ChatGPTのAPIを使うプログラムはChapter01 02でも触れたとおり、Pythonでも作成できます。オリジナルのExcel関数を作ることはできませんが、Pythonには、ChatGPTのAPI専用のライブラリがOpenAI から提供されています(自分で開発環境をインストールする作業が別途必要)。あわせて、JSON用のライブラリも標準で備わっています。それらを使えば、APIとの通信やJSONの処理がVBAに比べて、はるかに短いコードで簡単に書けます。

　さらにPythonなら、Excelはもちろん、Gmailなど他のアプリケーションもまとめて制御できます。ChatGPTとExcelを軸に、さまざまなアプリケーションを組み合わせた自動化が可能となります。

おわりに

いかがでしたか？　ChatGPTとExcelの組み合わせについて、ChatGPT関数をはじめとする具体的な方法やノウハウから、ベースとなる考え方などまで、一通り把握できたでしょうか？

言うまでもなく、本書で解説した内容は出発点に過ぎません。ChatGPTとExcelをどう組み合わせ、ビジネスのどの部分にどう活かしていくかは、読者のみなさんのアイディア次第でどんどん広がるでしょう。

また、将来、ChatGPT以外の対話型AIサービスが登場／普及したとしても、本書で学んだExcelと組み合わせる方法やノウハウは、きっと役立つでしょう。

本書を通じて、読者のみなさんがChatGPTとExcelの組み合わせをビジネスにより活かせるようになることを願っております。

立山　秀利

著者略歴

立山　秀利（たてやま　ひでとし）

フリーライター。1970年生まれ。
筑波大学卒業後、株式会社デンソーでカーナビゲーションのソフトウェア開発に携わる。退社後、Webプロデュース業を経て、フリーライターとして独立。現在は『日経ソフトウエア』でPythonの記事等を執筆中。『PythonでExcelやメール操作を自動化するツボとコツがゼッタイにわかる本』『図解！　Pythonのツボとコツがゼッタイにわかる本　“超”入門編』『図解！　Pythonのツボとコツがゼッタイにわかる本　プログラミング実践編』『Excel VBAのプログラミングのツボとコツがゼッタイにわかる本［第2版］』『VLOOKUP関数のツボとコツがゼッタイにわかる本』『図解！　Excel VBAのツボとコツがゼッタイにわかる本　“超”入門編』（秀和システム）、『入門者のExcel VBA』『実例で学ぶExcel VBA』『入門者のPython』（いずれも講談社）など著書多数。GPTなどAIの仕組みを初心者向けに解説した書籍や記事も執筆。
Excel VBAセミナーも開催している。
セミナー情報　http://tatehide.com/seminar.html

・Python関連書籍

「PythonでExcelやメール操作を自動化するツボとコツがゼッタイにわかる本」
「図解！　Pythonのツボとコツがゼッタイにわかる本　“超”入門編」
「図解！　Pythonのツボとコツがゼッタイにわかる本　プログラミング実践編」

・Excel関連書籍

『Excel VBAでAccessを操作するツボとコツがゼッタイにわかる本［第2版］』
『Excel VBAのプログラミングのツボとコツがゼッタイにわかる本』
『続Excel VBAのプログラミングのツボとコツがゼッタイにわかる本』
『続々Excel VBAのプログラミングのツボとコツがゼッタイにわかる本』
『Excel関数の使い方のツボとコツがゼッタイにわかる本』
『デバッグ力でスキルアップ！ Excel VBAのプログラミングのツボとコツがゼッタイにわかる本』
『VLOOKUP関数のツボとコツがゼッタイにわかる本』
『図解！ Excel VBAのツボとコツがゼッタイにわかる本　“超”入門編』
『図解！ Excel VBAのツボとコツがゼッタイにわかる本　プログラミング実践編』

・Access関連書籍

『Accessのデータベースのツボとコツがゼッタイにわかる本 2019/2016対応』
『Accessマクロ&VBAのプログラミングのツボとコツがゼッタイにわかる本』

カバーイラスト　mammoth.

図解！　ChatGPT×Excelのツボとコツがゼッタイにわかる本

発行日　2023年　8月20日　第1版第1刷

著　者　立山　秀利

発行者　斉藤　和邦
発行所　株式会社　秀和システム
〒135-0016
東京都江東区東陽2-4-2　新宮ビル2F
Tel 03-6264-3105（販売）　Fax 03-6264-3094
印刷所　三松堂印刷株式会社　Printed in Japan

ISBN978-4-7980-7083-4 C3055

定価はカバーに表示してあります。
乱丁本・落丁本はお取りかえいたします。
本書に関するご質問については、ご質問の内容と住所、氏名、電話番号を明記のうえ、当社編集部宛FAX または書面にてお送りください。お電話によるご質問は受け付けておりませんのであらかじめご了承ください。